浙江省十四五博士点授权建设学位点"化学"建设教材

浙江省十四五"化学"一流学科建设教材

浙江省一流专业"应用化学"建设教材

先进材料研究方法

主　编 ● 曾敏峰　　刘雪松　　方　萍

副主编 ● 张富仁　　王林霞　　李秀东

参　编 ● 左树锋　　任小荣　　金银樱

　　　　　鲁瑞娟　　叶　娜

U0216885

厦门大学出版社
XIAMEN UNIVERSITY PRESS

国家一级出版社
全国百佳图书出版单位

图书在版编目（CIP）数据

先进材料研究方法 / 曾敏峰，刘雪松，方萍主编；张富仁，王林霞，李秀东副主编. -- 厦门 ：厦门大学出版社，2024. 11. -- ISBN 978-7-5615-9536-7

Ⅰ. TB3

中国国家版本馆 CIP 数据核字第 2024XD8670 号

责任编辑　畦　蔚　陈玉环

美术编辑　李嘉彬

技术编辑　许克华

出版发行　厦门大学出版社

社　　址　厦门市软件园二期望海路 39 号

邮政编码　361008

总　　机　0592-2181111　0592-2181406(传真)

营销中心　0592-2184458　0592-2181365

网　　址　http://www.xmupress.com

邮　　箱　xmup@xmupress.com

印　　刷　厦门集大印刷有限公司

开本　889 mm×1 194 mm　1/32

印张　3.625

字数　82 千字

版次　2024 年 11 月第 1 版

印次　2024 年 11 月第 1 次印刷

定价　25.00 元

厦门大学出版社
微信二维码

厦门大学出版社
微博二维码

目　　录

第一章 X射线衍射

  X射线衍射(X-ray diffraction,XRD)仪是一种利用衍射原理研究物质内部微观结构的大型分析仪器。X射线衍射仪可以精确测定物质的晶体结构、织构及应力,精确地进行物相分析(定性分析)、半定量分析。其广泛应用于材料生产、冶金、石油、化工、科研、航空航天等领域,是各类高校、科研院所及厂矿企业的常用分析仪器。

一、仪器原理与简介

(一)仪器的构成和工作原理

  由X射线光管发射出的X射线照射到试样上产生衍射现象,用探测器接收衍射线的 X 射线光子,经测量电路放大处理后在显示或记录装置上给出精确的衍射线位置、强度和线形等衍射数据(图 1.1)。

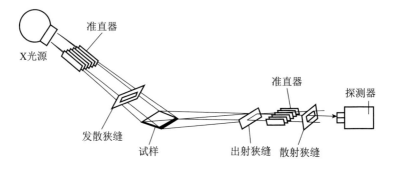

图 1.1　X 射线衍射仪的光路

X 射线通过晶体时会被晶体中大量的原子、离子或分子散射,从而在某些特定的方向上产生强度相互加强的衍射线。其必须满足的条件是光程差为波长的整数倍,即 $2d\sin\theta=n\lambda$,即满足布拉格衍射条件(图 1.2)。

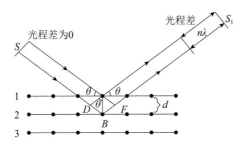

图 1.2　布拉格衍射条件

(二)主要技术规格

(1) X 射线发生器最大输出功率≥2.2 kW。

（2）测角仪部分：θ/θ 扫描方式；马达驱动，可读最小步长 0.000 1°；角度重现性 0.000 1°。

（3）探测器部分：全能矩阵 PIXcel 3D 探测器，背景≤1 cps。

（4）配置小角散射附件、薄膜附件和纤维附件。

（5）粉末衍射软件包（定性、定量、结构修正、微结构分析）。

二、仪器应用

（1）样品物相分析（定性分析）。

（2）晶粒尺寸测定，分析纳米晶粒大小。

（3）半定量分析。

（4）薄膜物相鉴定和厚度计算。

（5）测量纤维或高分子样品的物相、取向度等。

三、实验部分

（一）操作规程

1. 开机

(1)开启水冷系统和稳压电源系统。

(2)开启主机电源,待主机控制面板上显示 0 kV、0 mA 后,将

HT 钥匙转动 90°(水平位置),待面板显示 15 kV、5 mA 并很快转为 30 kV、10 mA 后,仪器可联机使用。按下"Light"按钮可以开启机内照明灯。开门需要按"unlock door"按钮。

(3)将仪器的待机电压、电流设定为 40 kV、20 mA。

2. X 射线光管的老化

(1) 对于新的和超过 100 h 未使用的 X 射线光管,需进行正常老化。

(2) 对于超过 24 h 但未超过 100 h 未使用的 X 射线光管,需进行快速老化。

3. 关机

(1)将高压降至 15 kV、5 mA(先降电流,后降电压),退出联机状态;将 HT 钥匙转动 90°关闭高压,等待约 10 s 后按下"OFF"按钮,关闭主机。

(2)关闭水冷系统和稳压电源系统。关闭高压 1～2 min 后必须关闭水冷系统。

4. 注意事项

X 射线衍射仪由专人负责管理和操作。进入实验室必须严格执行安全管理规章制度,确保人身和仪器安全。

(1) X 射线衍射仪属于精密高端仪器,未经管理员允许,不得使用该仪器。使用前需认真学习本仪器的原理、基本操作和注意事项,了解仪器的性能、构造。熟悉操作规程后方可进行操作。

(2) 使用仪器后应认真填写运行日志。将各使用器件擦洗干净放回原处,关闭电源,打扫完室内卫生方可离开。

（3）循环水冷系统中的蒸馏水平均 3 个月更换一次,并在水温处于正常范围内再开启仪器主机。

（4）定期对仪器的分辨率和灵敏度等指标进行校对,保证仪器设备的完好性、可靠性,做好详细记录,并保持室内整洁卫生。

（5）X 射线光管高压下能产生臭氧及氮的氧化物气体,实验室内需注意通风。

（6）注意保持一定的实验室温度和湿度,以确保仪器和电线干燥,防止设备和线路受潮漏电。

（7）遇到停电等突发情况或地震等自然灾害时,应先关闭仪器,仔细检查后再运行仪器。

（二）实验步骤

1. 开机

同操作规程。

2. X 射线光管的老化

方法:双击 Data Collector 软件,输入用户名和密码,登录后点击"Instrument→connect"联机,从左边框里选择"Instrument Setting→Generator→Status on→Breeding→at normal speed/fast"进行正常/快速老化。

3.压片

将样品用玛瑙研钵研细后,放于玻璃样品架上,用载玻片压平整。

4. 测样

(1)逐步设定电压、电流至需要值,如 40kV、40mA。

(2)放置样品到 XRD 仪样品台上。

(3)Data Collector 软件中,点击"Measure→Program→OK"→选保存的文件路径并命名→点击"OK",开始执行测量程序,测量数据将自动存储。

5.关机

同操作规程。

(三) 实验数据处理

(1)用 Highscore 软件对所测得的 XRD 图谱进行基线校正。

(2)进行衍射峰的寻峰。

(3)进行物相分析,定性分析样品的组分。

(4)利用软件计算峰位和半峰宽。

(5)利用 Scherrer 公式求粉末多晶的晶粒大小。

(6)输出分析后的报告。

四、思考题

（1）XRD 的主要用途是什么？

（2）制备样品压片为什么要求样品一定要压得平整？

（3）为什么只有晶体结构的固体才能测得 XRD 图谱？

（4）对测定得到的 XRD 图谱进行解析并计算晶粒大小。

第二章　物理吸附

一、仪器原理与简介

物理吸附仪利用固体材料的吸附特性,借助气体分子作为"量具"来度量材料的比表面积和孔结构,可测得材料的比表面积、总孔容积、孔径分布和等温吸、脱附曲线等数据,常用的吸附质气体可以是氮气、二氧化碳、氩气、氢气等。

物理吸附仪的测定原理是依据气体在固体表面的吸附特性,在一定的压力下,被测样品颗粒(吸附剂)表面在超低温下对气体分子(吸附质)具有可逆物理吸附作用,对应的压力存在确定的平衡吸附量。通过测定出该平衡吸附量,利用理论模型可等效求出被测样品的比表面积、总孔容积及孔径分布。目前常见的两种比表面积理论模型是 Langmuir 吸附和 BET(Brunauer-Emmett-Teller)吸附,前者是假设每个吸附位只能吸附一个质点,且吸附剂表面是均匀的单分子层吸附,后者是最常用的也是符合材料实际吸附的多分子层吸附模型。材料根据孔径的大小可以分成三类:微孔(孔径＜2 nm)、介孔(孔径 2～50 nm)和大孔(孔径＞50 nm)材料。孔径分布测定利用的是毛细冷凝现象和体积等效交换原理,即将被测孔中充满的液氮量等效为孔的体积。毛细冷凝是指在一定温度下,在水平液面尚未达到饱和的蒸气,以及在毛细管内的凹液面可能已经达到饱和或过饱和状态的蒸气凝结成液体的现象。各个阶段的孔的分析模型不一样,可用不同方法分析孔径的分布:微孔一般用 HK(Horvath-Kawazoe)、SF(Saito-Foley)、t-plot 方法;介孔一般用 BJH(Barrett-Joyner-Halenda)方程;大孔一般用压汞法。

二、仪器应用

比表面积及孔径分布测试,适用于各种材料的研究与产品测试,包括沸石、碳材料、分子筛、二氧化硅、氧化铝、土壤、黏土、有机金属化合物骨架结构等,广泛应用于催化、环境、建筑领域。

三、实验部分

(一)实验仪器

全自动比表面积及孔隙度分析仪,美国麦克仪器公司,型号

TriStar Ⅱ 3020。

（二）实验目的

（1）了解物理吸附仪的测定原理。

（2）测量样品的比表面积、介孔比表面积、微孔比表面积、孔径分布及总孔容积等信息。

（3）学会用 Origin 作吸、脱附曲线图和孔径分布图。

（三）实验步骤

（1）检查 N_2、He 瓶阀门是否打开，减压阀出口压力是否调节为 0.1 MPa。

（2）称样：先称空管加塞的质量，再粗称一定质量的样品，装入样品管。

（3）样品处理：

① 先开油泵，再开脱气站电源，调节温度到预期值。

② 将样品管装到脱气站上后，打开真空开关抽真空，将样品管放到加热槽内，待温度稳定后开始计时。

③ 计时结束后，取出样品管放入冷却槽内，使其在室温下冷却，冷却至室温后，关闭真空开关，通入 N_2 约 20 s 后关闭，卸下样品管并马上塞紧橡胶塞。再次称量脱气后的加样加塞的样品管质量，减去空管加塞的质量，即得到纯净样品的质量。

（4）开主机：先开分子油泵，再开主机电源，最后在电脑桌面上双击"Win3020"图标，打开控制软件。

（5）建立样品文件：输入样品名称、操作者和送样人，输入纯净样品质量后，选择合适的测试程序，点击"save"保存后关闭。

（6）样品分析：

① 将样品管放到样品口（注意要套上白色的等温夹套），并记录对应关系，将装好液氮的杜瓦瓶放到电梯上，拉上保护罩。

② 在电脑上点击"Unit 1"进入"sample analysis"，加载相应样品文件到对应的样品口后，点击"start"开始分析。

③ 分析完后，观察下边蓝色状态栏，三个口若都显示"Idle"，则分析完成，在"view→operation"窗内点击"Report 1/2/3"查看并保存报告。

（7）卸样品管：卸样品管前，先将杜瓦瓶移到一个安全位置，盖上防挥发盖。卸掉样品管后，装上堵头，防止灰尘等其他污染物污染样品口。样品管冲洗干净后，烘干备用。

（8）关机：先关闭软件，再关闭主机电源，最后关闭油泵。

四、实验数据处理

（1）记录样品的比表面、介孔比表面积、微孔比表面积。

（2）用 Origin 软件作吸脱附曲线图和孔径分布图。

五、思考题

（1）为什么得到的 BET 值有时候为负值？

（2）为什么等温吸、脱附曲线有时候是不闭合的？

第三章　扫描电子显微镜

　　电子显微镜是材料学、生物学、医学等学科研究中必不可少的工具，其可以直观地反应样品的表面或者内部的三维立体结构。目前，我国高等院校已拥有相当多的高端电子显微镜，掌握电子显微镜的使用方法以及常见样品的制样技术，已经成为高校研究生的一项基本技能。

一、仪器原理与简介

　　扫描电子显微镜（scanning electron microscope，SEM）是电子显微镜中的一类，其成像原理和电视类似，都是通过显像管或者阴极射线管反映在显示器上。扫描电子显微镜是用聚焦电子束在试样表面逐点扫描成像，试样为块状或粉末状颗粒，成像信号可以是二

次电子、背散射电子和吸收电子,一般所说的扫描电子显微镜图像
是指二次电子成像。

扫描电子显微镜图像能立体逼真地反映出样品表面结构的凹
凸不平,在扫描中样品表面凹凸不平的微细结构表现为显像管图像
的明暗反差,这是因为样品表面各点的二次电子信号不同,从而在
显像管的对应位置点以相应的明暗反差形成样品表面形貌特征的
图像。所以扫描电子显微镜图像的反差主要是由样品表面的凹凸
状态决定二次电子数量的多少而产生的,产生的二次电子数量越
多,对应点的图像越明亮,反之,图像越暗。

扫描电子显微镜的结构主要由电子光学系统、信号检测及显示
系统、真空系统和电源系统组成(图 3.1)。由电子枪发射出的带有

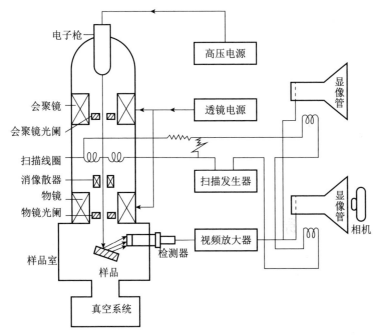

图 3.1 扫描电子显微镜工作原理

一定加速电压的电子束,经过会聚镜和物镜光阑的聚焦,在样品表面形成一定大小的束斑,进而产生多种电子信号信息,然后通过二次电子接收器收集产生的二次电子信号,将二次电子同步转换成该样品图像对应的各点高度,通过显像管呈现在显示屏上,最终通过显示屏上的图像得到该样品表面的显微结构信息。

二、仪器应用

（1）研究燃料电池催化剂。

（2）观察纺织、印染纤维的横纵切面。

（3）研究纳米材料。

（4）研究大气颗粒物。

（5）研究药品质量控制。

（6）观察生物样品表面形貌,如蚌壳珍珠、植物叶片气孔等。

三、实验部分

（一）实验目的

（1）学习使用扫描电子显微镜观察材料样品的形貌表征。

（2）熟悉扫描电子显微镜的工作原理及使用方法。

（3）掌握通过文献分析材料样品形貌的方法。

（二）实验内容

（1）对照扫描电子显微镜实物，了解各部件的位置。

（2）熟悉聚焦按钮、亮度按钮、放大倍率按钮等主要按钮的操作。

（三）实验仪器及样品

（1）品牌与型号：日本电子株式会社，JSM-6360LV。

（2）性能指标：

① 加速电压：30 kV。

② 分辨率：3.0 nm。

③ 放大倍率：30 万倍。

④ 样品：材料类样品。

（四）实验步骤

（1）用牙签取少量样品粘贴于导电胶上，若样品不导电，需放入离子溅射仪中喷 Au 或者 Pt，若样品导电，则直接放入扫描电子显微镜中上机观察。

（2）转动操作键盘上的"Scan 1""Scan 2""Scan 3""Scan 4"观察样品形貌。

（3）调整聚焦键"Focus"、明亮度"Contrast"和"Brightness"，获得样品清晰图像。

（4）调整最佳倍率，按"Freeze"键，得到样品表面形貌图像。

（五）结果分析

根据所拍样品表面形貌，结合文献，分析样品的表面结构。

四、思考题

（1）磁性样品能不能用扫描电子显微镜观察？若能，最好用哪种扫描电子显微镜观察？

（2）扫描电子显微镜观察样品的倍率是否越大越好？根据什么确定最佳倍率？

第四章　透射电子显微镜

一、仪器原理与简介

透射电子显微镜(transmission electron microscope,TEM)是采用波长较短的电子束作照明源,用电磁透镜聚焦成像的一类高分辨分析仪器。

灯丝(或电子枪)经加热后发射电子束,该电子束经栅极汇聚、阳极加速后作为透射电子显微镜的照明源,再经过聚光镜的进一步汇聚照射在样品上,透过样品的电子束带有样品的结构信息,经过物镜、第一中间镜、第二中间镜、投影镜的多级放大,最后在荧光屏上呈现出样品超微结构的图像。

透射电子显微镜主要由电子光学系统(镜筒)、真空系统、电源和控制系统三大部分组成。透射电子显微镜组成见图 4.1。

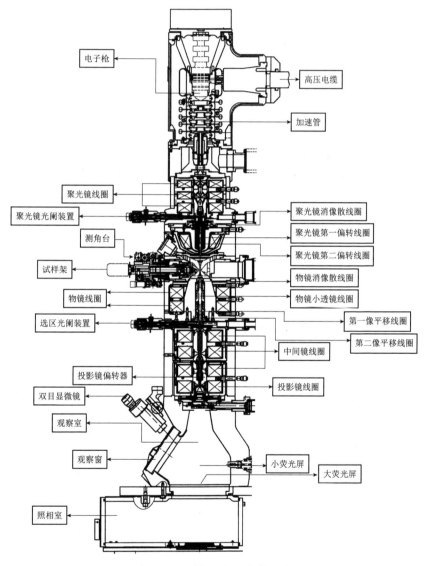

图 4.1　透射电子显微镜组成

电子光学系统通常称为镜筒,是透射电子显微镜的核心,它又可以分为照明系统、成像系统和观察记录系统三部分。

照明系统:由电子枪与聚光镜组成,作用是产生高强度、高稳定度的电子束。

成像系统:由样品室、物镜、中间镜及投影镜组成,作用是将透过样品的电子束经过多级放大,在下面的荧光屏上形成最终放大的像。总的放大倍数是物镜、中间镜、投影镜放大倍数的乘积,即 $M_总 = M_物 \times M_{中1} \times M_{中2} \times M_投$。

观察记录系统:由观察室和照相室或电荷耦合器件(charge coupled device,CCD)系统组成。最终图像可以在荧光屏上直接观察,也可通过下面的照相室或 CCD 将图像保存下来。

二、仪器应用

(1)观察动植物细胞超微结构。

(2)观察病毒形态结构。

(3)医学病理电镜诊断。

(4)观察微颗粒、生物大分子材料形态结构。

(5)观察高分子材料和纳米材料微结构。

三、实验部分

材料类样品的制备及透射电子显微镜观察。

（一）实验目的

（1）掌握透射电子显微镜基本部件的名称和用途。

（2）掌握透射电子显微镜主要功能键的操作和用途。

（二）实验内容

（1）对照透射电子显微镜实物，了解各部件位置。

（2）熟悉亮度按钮、聚焦按钮、放大倍数按钮等主要按键的操作。

（三）实验仪器及样品

（1）品牌与型号：日本电子株式会社，JEM-1011/JEM-2100F。

（2）JEM-1011 性能指标：

① 加速电压：100 kV。

② 分辨率：0.2 nm。

③ 放大倍数：60 万倍。

（3）JEM-2100F 性能指标：

① 加速电压：200 kV。

② 分辨率：0.2 nm。

③ 放大倍数：150 万倍。

（4）样品：材料类样品。

（四）实验步骤

（1）取适量样品超声 10 min 后，取一滴于 230 目镀碳支持膜铜网上，在红外灯下干燥10 min 后上机观察。

（2）移动旋转手轮，观察样品移动情况。

（3）旋转亮度按钮，观察荧光屏显示的光斑变化。

（4）旋转放大倍数按钮，观察荧光屏显示的图像变化及亮度变化。

（5）选择合适视野，拍两张照片。

（五）结果分析

根据所拍照片，说明样品的分散情况和形貌。

四、思考题

（1）透射电子显微镜主要由几大系统构成？各系统之间的关系是什么？

（2）透射电子显微镜对被检样品的要求有哪些？

第五章　激光拉曼光谱

　　拉曼光谱法是研究化合物分子受光照射后产生散射，其散射光与入射光能级差及化合物振动频率、转动频率关系的分析方法。拉曼光谱法是一种无损的分析技术，它是基于光和材料内化学键的相互作用而产生的，可以提供样品化学结构、相和形态、结晶度以及分子相互作用的详细信息。与红外光谱法类似，拉曼光谱法是一种振动光谱技术。

　　史梅耳（Smekal）在 1923 年便从理论上预言，当频率为 v_0 的单色光入射到物质以后，物质中的分子会对入射光产生散射，散射光的频率为 $v_0 \pm \Delta v$。5 年后，拉曼（Raman）和克利希南（Krishnan）在研究液体苯的散射光谱时，在实验中发现了这种散射，因而称为拉曼散射或拉曼效应。几乎与此同时，苏联物理学家兰斯别尔格（Landsberg）和曼杰尔斯达姆（Mandelstamm）也在晶体石英样品中观察到了类似现象。这种新的散射谱线与散射体中分子的振动和转动,或晶格的振动等有关,为研究分子结构提供了一种重要手段,引起了人们极大的兴趣,拉曼也因此荣获 1930 年诺贝尔物理学奖。其中频率不变的被称为瑞利(Rayleigh)散射,在其两侧对称地分布着若干条很弱的谱线,它们的频移等于样品分子红外振动谱线的频率,与入射光频率无关。低频一侧的谱线 $v_0 - \Delta v$ 称为斯托克斯(Stokes)线,高频一侧的谱线 $v_0 + \Delta v$ 则称为反 Stokes 线。Stokes 线总比反 Stokes 线强。激光于 20 世纪 60 年代问世,由于它极高的单色亮度,很快被用到拉曼光谱中作为激发光源,它的产生促进了共振拉曼散射、受激拉曼散射和相干反 Stokes 拉曼散射等新的实验技术和手段的发展,不仅进一步提高了分析灵敏度,而且还开辟了一些新的研究领域。

拉曼光谱可应用于以下方面:

(1)无机化合物、有机化合物及高分子化合物的定性分析。

(2)生物大分子的构象变化及其相互作用的研究。

(3)各种材料(包括纳米材料、生物材料、金刚石)和膜(包括半导体薄膜、生物膜)的拉曼分析。

(4)矿物组成分析。

(5)宝石、文物、公安试样的无损鉴定。

(6)定量分析(拉曼散射光强度与活性成分的浓度成正比)。

一、仪器原理与简介

(一)拉曼散射

当频率为 v_0 的单色光入射到介质上时,除了被介质吸收、反射和透射,总会有一部分被散射。按散射光相对于入射光频率的改变情况,可将散射光分为三类:第一类,其波数基本不变或变化小于 $10^{-5}\ \mathrm{cm}^{-1}$,这类散射称为瑞利散射;第二类,其波数变化大约为 $0.1\ \mathrm{cm}^{-1}$,称为布里渊散射;第三类,其波数变化大于 $1\ \mathrm{cm}^{-1}$,称为拉曼散射。从散射光的强度看,瑞利散射最强,拉曼散射最弱。

图 5.1 展示了瑞利散射和拉曼散射的产生过程。

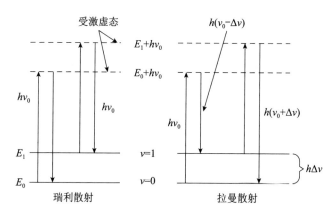

图 5.1　瑞利散射和拉曼散射的产生过程

在经典理论中,拉曼散射可以看作是入射光的电磁波使原子或分子电极化以后所发生的。因为原子和分子都是可以极化的,所以发生瑞利散射;因为极化率又随着分子内部的运动(转动、振动等)而变化,所以发生拉曼散射。

在量子理论中,把拉曼散射看作光量子与分子相碰撞时发生的非弹性碰撞过程。当入射的光量子与分子相碰撞时,发生的可以是弹性碰撞的散射,也可以是非弹性碰撞的散射。在弹性碰撞过程中,光量子与分子均没有能量交换,于是它的频率保持恒定,这叫瑞利散射;在非弹性碰撞过程中,光量子与分子有能量交换,光量子转移一部分能量给散射分子,或者从散射分子中吸收一部分能量,从而使它的频率改变,它取自或给予散射分子的能量只能是分子两定态之间的差值 $\Delta E = E_1 - E_2$。当光量子把一部分能量交给分子时,光量子以较小的频率散射出去,称为频率较低的光(Stokes线),散射分子接受的能量转变成为分子的振动或转动能量,从而处于激发态 E_1,这时的光量子的频率为 $v = v_0 - \Delta v$;当分子已经处于振动或转动的激发态 E_1 时,光量子从散射分子中取得了能量 ΔE(振动或转动能量),以较大的频率散射出去,称为频率较高的光(反 Stokes线),这时的光量子的频率为 $v' = v_0 + \Delta v$。如果考虑到更多的能级上分子的散射,则可产生更多的 Stokes 线和反 Stokes 线。

(二) 退偏比

在拉曼光谱中,除拉曼位移与强度外,还有一个反映分子对称性的参数,即退偏比 ρ_p。

拉曼光谱的光源为激光光源,激光属于偏振光。当入射激光沿 x 轴方向与物质分子 O 作用时,可散射出不同方向的偏振光。若在 y 轴方向上放置一个偏振器 P,当偏振器平行于激光方向时,则 zy 面上的散射光可以通过。当偏振器垂直于激光方向时,则 xy 面上的散射光可以通过。当偏振器垂直、平行于激光方向时,散射光的强度分别为 $I_\perp$、$I_{/\!/}$,两者之比称为退偏比,即 $\rho_P = I_\perp / I_{/\!/}$。

(三) 仪器简介

拉曼光谱仪主要有色散型拉曼光谱仪(简称激光拉曼)和傅立

叶变换型拉曼光谱仪(简称傅变拉曼)。前者采用短波的可见光激光器激发、光栅分光系统调制分光等技术,近年向着更短的紫外激光器发展;后者则采用长波的近红外激光器激发、迈克尔逊干涉仪调制分光等技术。

二、仪器应用

色散型拉曼光谱仪主要由光源、样品池、单色器及检测器组成,如图5.2所示。

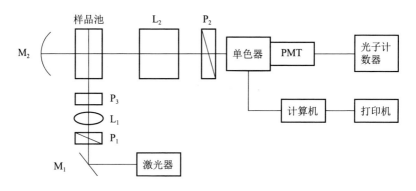

M₁—平面反射镜;M₂—凹面反射镜;P₁,P₂—偏振片;

P₃—半波片;L₁—聚光透镜;L₂—成像透镜组;PMT—光电倍增管。

图5.2 色散型拉曼光谱仪示意

(一) 光源

由于拉曼散射很弱,现代拉曼光谱仪的光源多采用高强度的激光光源。激光光源包括连续波激光器和脉冲激光器。常用激光器按波长大小可分为 Ar^+ 激光器(488.0 nm 和 514.5 nm)、Kr^+ 激光器(568.2 nm)、He-Ne 激光器(632.8 nm)、红宝石激光器(694.0 nm)、二极管激光器(782 nm 和 830 nm)和 Nd/YAG 激光器(1 064 nm)。前两种激光器功率大,能提高拉曼散射的强度,后几种属于近红外辐射,其优点在于辐射能量低,不易使试样分解,同时不足以激发试样分子外层电子的跃迁,因而不易产生较大的荧光干扰。由于高强度激光光源易使试样分解,尤其是生物大分子、高分子化合物等,因此,一般采用旋转技术加以克服。

光源主要提供单色性好、功率大而稳定并且能够多波长工作的入射光,激光便是一个研究拉曼散射的理想光源。

(二) 样品池

由于拉曼光谱法用玻璃作窗口,而不是用红外吸收光谱中的卤化物晶体,因此试样的制备方法较红外吸收光谱简单:可直接用单晶和固体粉末测试,也可配制成溶液,尤其是水溶液;不稳定的、贵重的试样可在原封装的安瓿瓶内直接测试;还可进行高温和低温试样的测定及有色试样和整体试样的测试。从前面的讲述中可知,拉曼散射的强度较弱,在放置试样时应根据试样的状态与多少选择不同的方式。气体试样通常放在多重反射气槽或激光器的共振腔内。液体试样采用常规试样池,若为微量,则用毛细管试样池。对于易挥发试样,应封盖。透明的棒状、块状和片状固体试样可置于特制的试样架上直接进行测定,粉末试样可放入玻璃试样管或压片测定。试样池或试样架置于在三维空间可调的试样平台上。

（三）单色器

拉曼散射位移较小,同时杂散光较强,为了提高分辨率,需对拉曼光谱仪的单色性有较高要求。为此,色散型拉曼光谱仪采用多单色器系统,如双单色器、三单色器。最好的是带有全息光栅的双单色器,能有效消除杂散光,并能检测出与激光波长非常接近的拉曼散射波长,以提高准确性和可靠性。在傅立叶变换拉曼光谱仪中,以迈克尔逊干涉仪作色散元件,光利用率高,可采用红外激光光源,以避免分析物或杂质的荧光干扰。

（四）检测器

拉曼光谱仪的检测器一般采用光电倍增管,最常用的为 Ga-As 光阴极光电倍增管,其优点是光谱响应范围宽,量子效率高,在可见光区内的响应稳定。为了减少荧光的干扰,在色散型仪器中可用电荷耦合器件检测器。傅立叶变换型拉曼光谱仪多选用液氮冷却锗光电阻作为检测器。

三、实验部分

（一）实验目的

（1）掌握拉曼光谱的基本原理和使用方法。

（2）掌握分析拉曼光谱的方法。

（二）实验内容

（1）准备样品：用滴管将 CeO_2 注入药品管，然后将药品管放置在样品架上。

（2）打开激光源，听到响三声。

（3）打开显微镜光源，载物台很脆弱，不能用力碰。

（4）观察光栅位置，位置不对，则"AC"为红色，正确时为绿色。用硅片对光栅进行校准，将硅片放在载物台上，先用最小倍的物镜进行粗调，后使用 $50×$ 和 $100×$ 的物镜进行细调，轻旋手杆进行细调，观察采集栏，保证物镜与使用的物镜倍数相同。正常情况下，CeO_2 使用 $100×$，光栅使用 $600T$ 型，532 nm 激光，激光输出使用 25%，一切正常后，点击"STOP"，关闭显微镜，点击红色"AC"，确定使用当前激光、当前光栅校准，等待自动校准完成。只有光栅位置正好时，拉曼才能准确测量谷峰，每隔 12 h 需要校准一次。

（5）打开视频状态，放上样品，依次进行粗调、细调，选择一个位置，不断聚焦，调整光谱范围。CeO_2 正常的测量范围为 200～700 cm^{-1}，选择累计次数，按照需求调整，点击"STOP"，等待 10 s 左右，点击倒数第三个圆圈，开始扫描，点击"成像"，查看扫描进度。

（6）分析拉曼光谱图，可以使用左边一列第四个放大镜放大峰，然后保存。点击菜单栏从左边数第三个，即可保存成文本文档形式，可以拷贝下来后用画图软件画出来，也可以保存成 .spc 格式，这种格式只有相应软件才能识别。

（7）从载物台上取下样品，关闭显微镜光源，最后关闭激光光源。

（8）数据处理。

（9）关机。

（三）注意事项

（1）更换镜头和滤镜前要洗净并擦干双手,手指不能接触镜头透镜部分和滤光片,更换时需轻拿轻放。

（2）固态样品不能有溶剂残留,若样品本身含液体,则需用石英片覆盖或将镜头包膜。

（3）使用操纵杆调焦距时幅度要小,动作要轻,防止镜头压到样品表面(特别是 $50\times$ 和 $100\times$ 镜头);调节平台位置时注意不要超过极限位置,若达到极限位置,平台不能再移动时,应先关闭平台再手动调整。

（4）白光、激光不用时要关闭或置于准备状态。

（5）电源机箱上的按钮未经许可不得随意按动,软件中的部分参数未经许可不得随意改动。

（6）旋转显微镜镜头时,感受到"咔"一声,才算是转好,取、放样品时,需要将镜头卡在空位。

（7）每次点击一个指令时,要静待几秒钟。

（8）开显微镜,找位置;关显微镜,扫描。

四、实验数据

TiO_2 和 CeO_2 的拉曼光谱如图 5.3 所示,TiO_2 在 144 cm^{-1}、

394 cm^{-1}、515 cm^{-1}和640 cm^{-1}四处存在拉曼峰，CeO_2在 463 cm^{-1}处存在拉曼峰。

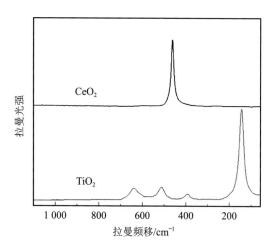

图 5.3　TiO_2 和 CeO_2 的拉曼光谱

五、思考题

（1）解释下列名词：① 拉曼散射；② Stokes 线。

（2）激光拉曼光谱定性分析的依据是什么？

（3）比较红外光谱与拉曼光谱的特点，说明拉曼光谱的适用范围。

第六章　紫外-可见分光光度法

一、仪器原理与简介

紫外-可见分光光度计（ultraviolet-visible spectrophotometer）是利用物质吸收一定波长的紫外光引起分子中价电子能级跃迁而形成的一种分析方法。不同物质分子中的电子类型、分布和结构各不相同，紫外光谱也就不同，因此可以利用紫外-可见分光光度计进行物质的结构和定性分析。

紫外-可见分光光度计有很多型号，主要有单光束和双光束两种类型。两种型号的主要部件大致相同，多以氘灯和钨灯作为紫外光和可见光的光源。在可见光区域使用的光源是钨灯，可用波长范围是350～1 000 nm；在紫外光区常用的光源是氘灯，可用的波长范围为 180～360 nm。光源发出光后,以棱镜或光栅作为色散元件,通过狭缝分出测定波长的单色光,由切换镜把一定强度的紫外光或可见光引入光路,经吸收池吸收后,透过的光被光电管检测,转换成电信号,然后通过转换器输入计算机上进行处理。紫外-可见分光光度计的主要结构见图 6.1。

图 6.1　紫外-可见分光光度计主要结构示意

二、仪器应用

（1）定性分析,判断共轭关系以及某些特征官能团。

（2）定量分析,用于测定物质的浓度或含量。

（3）在化学学科上可以检验化学物质的纯度,同时可以推算物质的原子结构,并对物质之间的氢键进行测定,尤其是能够对复杂的有机化合物进行成分鉴定。

（4）异构体的判断。

三、实验部分

紫外-可见分光光度法测定饮料中的苯甲酸钠含量。

(一) 实验目的

(1) 掌握紫外-可见分光光度法的分析原理。

(2) 熟悉紫外-可见分光光度计的结构、特点,掌握其使用方法。

(3) 了解紫外-可见分光光度法定量测定物质含量的方法。

(4) 熟练掌握利用 Origin 软件作图。

(二) 实验内容

(1) 熟练掌握紫外-分光光度法的分析原理。

(2) 掌握软件作图。

(三) 实验仪器及样品

1. 仪器

(1) 紫外-可见分光光度计,型号 UV-2550,厂家为日本岛津公司。

(2) 10 mL 石英比色皿 2 个、1 000 mL 容量瓶 1 个、1.0 mL 和 5.0 mL 移液管各 1 支、50 mL 容量瓶 8 个。

2. 样品

0.1 mol/L NaOH 溶液、6.0×10^{-3} mol/L 苯甲酸钠标准溶液、去离子水、市售可乐或雪碧等。

（四）实验步骤

（1）用移液管移取 6.0×10^{-3} mol/L 苯甲酸钠标准溶液 1.0 mL 于 50 mL 容量瓶中，加入 0.6 mL 0.1 mol/L NaOH 溶液，用去离子水定容，摇匀，以空白溶剂为参比，在 $210 \sim 350$ nm 范围绘制吸收曲线，确定最大吸收波长 λ_{max}。

（2）分别移取 0.0 mL、0.5 mL、1.0 mL、1.5 mL、2.0 mL、3.0 mL 苯甲酸钠标准溶液于 6 个 50 mL 容量瓶中，各加入 0.6 mL 0.1 mol/L NaOH 溶液，用去离子水定容至刻度。在定量测定模式下，以空白溶剂为参比，在 λ_{max} 处测定各溶液的吸光度。

（3）分别移取 5 mL 可乐或雪碧于 50 mL 容量瓶中，用超声仪脱气 5 min 驱赶 CO_2，加入 0.6 mL 0.1 mol/L NaOH 溶液，用去离子水定容至刻度。以空白溶剂为参比，在 λ_{max} 处测定各溶液的吸光度。

（4）数据处理：利用 Origin 软件绘制吸光度 A 与浓度 c 的标准曲线，通过测定样品的吸光度 A 值，利用标准曲线分别求出可乐或雪碧中苯甲酸钠的含量。

四、思考题

（1）实验中为什么要用最大吸收波长进行定量测定？

（2）苯甲酸钠和山梨酸以及它们的钠盐、钾盐是食品卫生标准允许使用的两类主要防腐剂，若样品中同时含有其他防腐剂，是否可以不经过分离直接测定它们各自的含量？为什么？

第七章　傅立叶变换红外光谱

一、仪器原理与简介

傅立叶变换红外光谱仪（Fourier transform infrared spectrome-ter,FTIR）是一种利用傅立叶变换将红外干涉信号转换为红外光谱从而用来分析物质元素的精密分析仪器,该仪器是进行有机物结构分析的重要工具之一。其通过迈克尔逊干涉仪产生红外干涉信号,干涉信号照射到被分析样品表面,如果分子中某个官能团的振动频率与照射到表面的红外线相同便会发生共振,从而吸收一定频率的红外线,最终通过分析最后的红外光谱信息来推测被分析样品的类型及结构。

傅立叶变换红外光谱仪主要由红外光源、迈克尔逊干涉仪、氦氖激光光源、光电探测器、干涉信号采集模块、动镜扫描控制器、干涉信号处理模块、光谱还原软件等组成,图 7.1 为傅立叶变换红外光谱仪的基本结构。

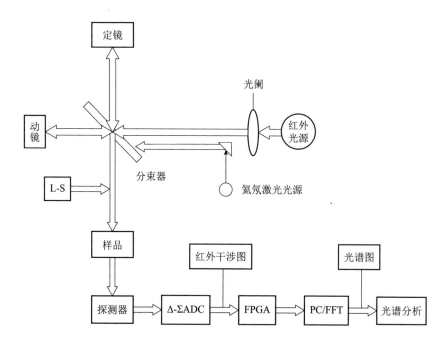

L-S—干涉信号处理;Δ-ΣADC—模拟数字转换器;

FPGA—光谱还原系统;PC/FFT—计算机记录系统。

图 7.1 傅立叶变换红外光谱仪基本结构示意

二、仪器应用

(1) 各种化工产品中有机化合物的结构分析。

（2）各种原料的化学成分鉴定,如无机化合物、塑料、纤维制品、表面活性剂、食品添加剂、染料、药物等。

三、实验部分

苯甲酸红外吸收光谱的测定。

（一）实验目的

（1）学习使用傅立叶变换红外光谱仪进行化合物定性分析。

（2）掌握用溴化钾压片法制作固体试样片。

（3）熟悉傅立叶变换红外光谱仪的工作原理及使用方法。

（4）学习查阅标准红外光谱图的方法。

（二）实验内容

（1）熟练掌握固体样品溴化钾压片方法。

（2）掌握简单的红外图谱分析。

（三）实验仪器及样品

（1）厂家与型号:美国尼高力仪器公司,NEXUS。

（2）工具:压片机和压片磨具、玛瑙研钵、红外干燥灯、镊子、药匙等。

（3）仪器性能指标：

① 测定波数范围：$400 \sim 4\,000\ cm^{-1}$。

② 参比物：空气。

③ 扫描次数 32 次，分辨率 $4\ cm^{-1}$。

（4）试剂：苯甲酸、溴化钾。二者均为分析纯。

（四）实验步骤

（1）苯甲酸、溴化钾压片：取预先在 110 ℃烘箱中烘干过的溴化钾 150 mg 左右，加入 $2 \sim 3$ mg 的苯甲酸试样，置于干净的玛瑙研钵中，在红外干燥灯下研磨均匀，转移到压片模具中，利用 YP-2 型压片机压片，可得溴化钾晶片。其直径约 13 mm，厚 $1 \sim 2$ mm。

（2）设置方法，扣除空气背景。

（3）将所压得的溴化钾晶片放入傅立叶变换红外光谱仪样品室内，选择相应程序测试。

（4）保存所得的苯甲酸图谱数据，便于进一步比对。

（五）结果分析

将苯甲酸光谱图与标准红外光谱图进行比对，并分析主要官能团的位置。

四、思考题

（1）红外光谱实验室为什么对温、湿度要求要比其他大型仪器实验室严格？

（2）进行红外光谱测试时，对固体样品制样有什么要求？

第八章　化学吸附

程序升温分析技术(temperature programmed analysis technology，TPAT)是当固体物质或预吸附某些气体的固体物质，在载气中以一定升温速率加热时，检测流出气体组成和浓度变化或者固体物理和化学性质变化的技术。具有动态分析技术特点的程序升温分析技术可以在反应条件下有效地研究催化过程，成为考察吸附或反应中心性质的必要表征手段之一。

程序升温分析技术在研究吸附在催化剂表面上的分子在升温时的脱附行为和各种反应行为的过程中，可以获得以下重要信息：

(1) 表面吸附中心的类型、密度和能量分布；吸附分子和吸附中心的键合能和键合态。

(2) 催化剂活性中心的类型、密度和能量分布；反应分子的动力学行为和反应机理。

（3）活性组分和载体、活性组分和活性组分、活性组分和助催化剂、助催化剂和载体之间的相互作用。

（4）各种催化效应：协同效应、溢流效应、合金化效应、助催化效应、载体效应等。

（5）催化剂失活和再生。

程序升温分析技术具体包括以下技术：程序升温脱附（temperature-programmed desorption，TPD）、程序升温还原（temperature-programmed reduction，TPR）、程序升温氧化（temperature-programmed oxidation，TPO）等。

一、程序升温脱附

（一）仪器原理与简介

程序升温脱附是把预先吸附了某种气体分子的催化剂，在程序加热升温下，通过稳定流速的气体（通常用惰性气体，如氦气），使吸附在催化剂表面上的分子在一定温度下脱附出来，随着温度升高，脱附速度增大，经过一个最高值后脱附完毕。对脱附出来的气体，可以用热导检测器（thermal conductivity detector，TCD）检测出脱附量随温度变化的关系，得到 TPD 曲线。

TPD 过程中，可能有以下现象发生：

（1）分子从表面脱附，从气相再吸附到表面。

（2）分子从表面扩散到次层，从次层扩散到表面。

（3）分子在内孔扩散。

催化剂表面吸附中心的性质是直接影响吸附分子脱附行为的重要因素，而吸附分子之间的相互作用也会对 TPD 过程产生一些影响。

TPD 实验原理主要描述均匀表面（全部表面在能量上是均匀的）上的 TPD 过程，分子从表面脱附的动力学可用 Polanyi-Wigner 方程［式（8.1）］来描述：

$$\frac{\mathrm{d}\theta}{\mathrm{d}t} = k_{\mathrm{a}}(1-\theta)^n c_{\mathrm{G}} - k_{\mathrm{d}}\theta^n \quad (8.1)$$

$$k_{\mathrm{d}} = v\exp\left(-\frac{E_{\mathrm{d}}}{RT}\right)$$

式中，θ 为表面覆盖度；t 为时间；k_{a} 为吸附速率常数；n 为脱附级数；c_{G} 为气体浓度；k_{d} 为脱附速率常数；v 为指前因子；E_{d} 为脱附活化能；T 为温度，K；R 为气体常数。

Polanyi-Wigner 方程忽略了分子从表面到次层的扩散和分子之间的相互作用。不均匀表面的 TPD 理论可见参考文献[1-4]。

（二）仪器应用

（1）配气系统：高纯氮气/高纯氦气/高纯氩气作为载气，氨气/二氧化硫/一氧化碳作为吸附气，质量流量计。

（2）程序升温系统：石英管、控温仪、加热炉。

（3）在线检测系统：通过热导检测器，用色谱 N2000 在线色谱工作站测试，离线色谱工作站分析。采用质谱仪（mass spectrometer）在线检测不同气体含量。

（三）实验部分

1. 预处理

（1）在石英管中装入 20～100 mg 催化剂，于加热炉中进行加热，升温至 300 ℃，同时通入载气（惰性气体）对表面进行清洁和净化，直至检测器分析流出气体信号不再变化为止。

（2）切断载气，用预处理气对其进行还原或者其他处理，同样在检测器分析结果至预处理结束。

（3）等待降温至室温，再使用载气赶走系统中和催化剂表面的预处理气，直至检测器信号不再发生变化。

2. 吸附

（1）在室温或者某一设定温度（通常为 50 ℃ 或者 100 ℃）下，在载气中脉冲吸附气体（根据测试目的选用不同吸附气体，如 NH_3、CO 等），直至吸附饱和。

（2）在吸附温度下，利用纯载气对吸附过程中存在的物理吸附进行去除，直至检测器信号不再发生变化。

3. 脱附

按一定的程序进行线性升温加热，对催化剂吸附气体进行脱附，并用检测器检测脱附出来的气体组分，至脱附完全。

4. 谱图信息确认

根据脱附峰的数量、位置和强度定性确定吸附物的种类、分布和含量。

5. 注意事项

不同催化剂,根据不同的实验目的,需要不断调整实验条件。

(1) 吸附气体/载气比例,影响吸附阶段的速率和时间。

(2) 催化剂量和载气流速,影响脱附峰的强度。

(3) 升温速率,影响脱附峰的形状。

6. 以 NH$_3$-TPD(质谱)为例

(1) 预处理:取 100 mg 催化剂装入石英管,在加热炉中升温至 300 ℃,预处理 30 min,处理完全后冷却至室温。

(2) 吸附:将催化剂连接到检测装置中,载气为高纯氮气。打开质谱(mass spectrometry,MS),选择反应路,在线检测 NH$_3$ 含量,同时在加热炉中 100 ℃ 条件下,用 NH$_3$ 预处理,使催化剂吸附 NH$_3$ 至饱和。

(3) 脱附:设置加热炉温度,以 10 ℃/min 的升温速率,从 100 ℃ 升温至 700 ℃,待升温结束,关闭装置和气阀,并保存数据得到谱图。

(4) 谱图分析:图 8.1 所示是 MnO$_2$/γ-Al$_2$O$_3$ 新鲜催化剂和不同硫中毒催化剂的 NH$_3$-TPD 谱图[5],其中 100～210 ℃ 代表弱酸位点、210～450 ℃ 代表中强酸位点,450～650 ℃ 代表强酸位点。催化剂对应表现出三个明显的 NH$_3$ 解吸峰,这可能分别归因于 MnO$_2$、Al$_2$O$_3$ 和 Mn-O-Al 的贡献。硫引入后,强酸位点的数量明显减少,这可能是由于硫酸锰对 Mn-O-Al 的破坏和吸附。此外,值得注意的是,中毒的催化剂在 350～380 ℃ 处形成了一个新的对应于中强酸的峰,并随着中毒程度的加深而增加,NH$_3$ 解吸峰逐渐变大,这归因于硫酸锰的形成和硫酸锰在催化剂表面的积累。

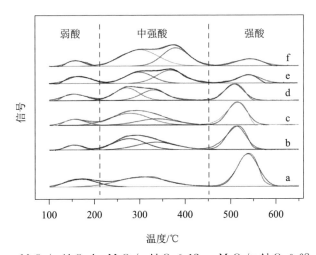

a—MnO$_2$/γ-Al$_2$O$_3$；b—MnO$_2$/γ-Al$_2$O$_3$-0.1S；c—MnO$_2$/γ-Al$_2$O$_3$-0.2S；

d—MnO$_2$/γ-Al$_2$O$_3$-0.4S；e—MnO$_2$/γ-Al$_2$O$_3$-0.8S；f—MnO$_2$/γ-Al$_2$O$_3$-1.6S，质量分数。

图 8.1　MnO$_2$/γ-Al$_2$O$_3$ 新鲜催化剂和不同硫中毒催化剂的 NH$_3$-TPD 谱图

二、程序升温还原

（一）仪器原理与简介

　　程序升温还原是程序升温分析法的一种，通常用于测定所制备材料的氧化性能。在 TPR 实验中，将装有一定量催化剂材料的石英管放置于加热炉中，还原性气流（通常为含低浓度 H$_2$ 的 H$_2$/Ar 或 H$_2$/N$_2$ 混合气）以一定的流速通过催化剂，同时控制催化剂以一定的速率线性升温，当温度达到其组分的还原温度时，催化剂上的金属由高价态向低价态转变：

$$MO(s) + H_2(g) \longrightarrow M(s) + H_2O(g)$$

由于还原气体流速不变,故通过石英管中催化剂后的 H_2 浓度变化与催化剂的还原速率成正比。用气相色谱热导检测器连续检测经过反应器后的气流中 H_2 浓度的变化,并用记录仪记录 H_2 浓度随温度的变化曲线,即得到催化剂的 TPR 谱图。TPR 谱图以峰形曲线呈现,通常图中每一个还原峰(耗氢峰)代表催化剂中一种可还原物,其最大值所对应的温度为峰温(peak temperature,TM),TM 的高低反映了催化剂上氧化物被还原的难易程度,峰形曲线下包含的面积大小(耗氢量)与该氧化物的量成正比。

TPR 的研究对象通常为负载或非负载的金属或金属氧化物催化剂,需要注意的是,金属催化剂需要经氧化处理转化为金属氧化物。通过 TPR 实验可获得金属价态变化、两种金属间的相互作用、金属氧化物与载体间相互作用、氧化还原反应的活化能等信息,因此程序升温还原技术对催化剂表征具有重要意义。

(二)仪器应用

(1)配气系统:混合气瓶(5％H_2/95％N_2 或者 5％H_2/95％Ar),质量流量计。

(2)程序升温系统:石英管、控温仪、加热炉。

(3)在线检测系统:通过热导检测器,用色谱 N2000 在线色谱工作站测试,离线色谱工作站分析。

(三)实验部分

1. 预处理

根据材料中氧化物的含量称取适量(负载型贵金属催化剂 200 mg、

过渡金属 50 mg、金属氧化物催化剂 10 mg)的样品材料于石英管或 U 形管(U 形管用来装贵金属催化剂,因其还原温度较低,所以需要置于液氮中处理)中,两端塞石英棉(管末端口不加橡胶塞),敞口在加热炉中以 7.5 ℃/min 的升温速率加热至 300 ℃保持 30 min,冷却至室温后方可进行测试实验。

2. 测试实验

开启 5％H$_2$/95％N$_2$ 或者 5％H$_2$/95％Ar 混合气,钢气瓶减压阀调节至 0.4 MPa。色谱上的分压阀和总压均显示 0.3 MPa。质量流量计控制在 35 mL/min(5％H$_2$/95％N$_2$),气路处于吹扫状态。5％H$_2$/95％N$_2$ 的 H$_2$-TPR 流量标准曲线见图 8.2。

注意:需要对质量流量计流量与实际流量之间的关系进行校正评估,确保两者流量统一。

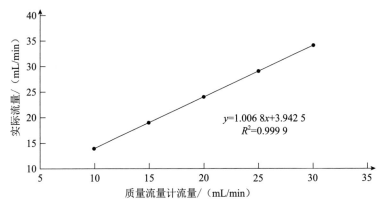

图 8.2　5％H$_2$/95％N$_2$ 的 H$_2$-TPR 流量标准曲线

(1) 开启气相色谱,设置柱温箱初温为 70 ℃(以在 5％H$_2$/95％N$_2$ 气氛下为例),待色谱上"准备"亮起黄灯,选择"TCD 检测器模式",

设置电流 60 mA，打开热导检测器按钮。

（2）开启计算机中色谱 N2000 在线色谱工作站（记录仪），选择"通道1"，新建文件，点击"查看基线"。

（3）把石英管放入加热炉内，管内样品处于温控感应棒末端位置，确保精准测定实时温度。设定在初始温度基础上以 7.5 ℃/min 速率程序升温，即初温经过 100 min 升至 750 ℃＋初温的温度。记录初温，实验进行过程中记录炉子设定温度与实际温度的差值，以确保所得数据的准确性。

（4）气路切换至反应路，待基线稳定后（一般需要 30～60 min），操作温控仪进入程序升温状态，同时点击在线工作站中的"采集数据"，开始记录 TPR 谱图。

（5）升温程序结束后，加热炉自然冷却。点击"停止采集"，查看基线，关闭窗口，数据自动保存。

（6）设置气相色谱中电流为 0，柱温箱初温为 35 ℃，待色谱上"准备"亮起黄灯，关闭气相色谱开关。

（7）使气路处于吹扫状态。关闭气体钢瓶总阀并松开减压阀，关闭墙上气阀。

3. 数据分析

图 8.3 为 6 种锰基催化剂的 H_2-TPR 图谱[5]，由图谱中的峰温可确认 Mn^{4+} 和 Mn^{3+} 的还原峰，说明催化剂催化氧化性能存在差异。催化剂 a～f 的耗氢量逐渐降低可说明 Mn^{4+} 和 Mn^{3+} 较少，峰温逐渐升高可说明催化性能有降低的趋势。根据耗氢峰面积的大小可对各催化剂中 Mn^{4+} 和 Mn^{3+} 的数量进行粗略比较。精准定量分析是运用氧化铜标准物对耗氢量进行理论计算，氧化铜还原量和耗

氢量一比一对应,可以得到材料 TPR 图谱中耗氢峰积分面积对应的氢气消耗量,从而得到催化剂中各价态金属的实际量,为研究者提供精确的数据信息。

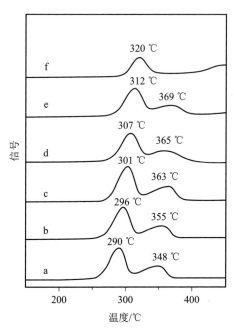

a—MnO$_2$/γ-Al$_2$O$_3$;b—MnO$_2$/γ-Al$_2$O$_3$-0.1S;c—MnO$_2$/γ-Al$_2$O$_3$-0.2S;

d—MnO$_2$/γ-Al$_2$O$_3$-0.4S; e—MnO$_2$/γ-Al$_2$O$_3$-0.8S;f—MnO$_2$/γ-Al$_2$O$_3$-1.6S,质量分数。

图 8.3 不同锰基催化剂 H$_2$-TPR 图谱

4.注意事项

(1) 样品均匀性要好,必要时可压片过筛确保其催化剂颗粒均匀统一;样品称量要适中,一般为 50~200 mg(也可根据固体样品氧化物含量确定合适的称量),过少或过多都会影响还原峰的峰形,出现过小或过大甚至平头的饱和现象。

（2）程序升温速率一般设置为 5～20 ℃/min。升温速率过快，峰形尖锐，氧化物的还原温度 T_m 升高，若样品中存在多种氧化物，还原峰相互重叠的趋势增加。升温速率过慢，峰形变宽，T_m 降低，多种氧化物还原峰重叠难以区分。同时，载气流速也会影响 T_m，载气流速增加，T_m 降低，从而影响对氧化物的定性分析。

（3）程序升温过程中记录的图谱横坐标为时间。要及时记录时间与实际温度之间的对应关系，从而得到实际温度与色谱信号的对应关系，以便于数据分析。

（4）实验中按规程进行，确保正确使用气路体系和色谱仪器。做好自身防护工作，确保实验安全进行。实验过程中，操作者不得擅自离开实验室，以免意外发生。

三、程序升温氧化

（一）仪器原理与简介

程序升温氧化是一种在恒定升温速率条件下获得催化剂氧化信息的技术。通过记录催化剂氧化过程中气相氧化气氛浓度变化与温度的关系来获得 TPO 谱图。

（二）仪器应用

（1）配气系统：甲苯作为反应气，混合气（20%O_2/80%Ar 混合气）作为载气，质量流量计。

（2）程序升温系统：石英管、控温仪、加热炉。

（3）在线检测系统：通过 MS 检测器在线检测不同物质的浓度。

（三）实验部分

1. 预处理

对催化剂进行老化处理：取 $100\sim200$ mg 催化剂装入石英管，在加热炉中升温至其完全转化温度，在空气氛围下连续进行 10 h 甲苯催化燃烧反应。

2. 程序升温反应

（1）待催化剂冷却至室温，将预处理后的催化剂置于加热炉中，连接质谱仪，载气为 $20\%O_2/80\%Ar$ 混合气。

（2）利用质谱仪连续监测 Ar、O_2、CO、CO_2、H_2O、C_7H_8，气路切换至反应路，等待基线走平后开始实验。

（3）基线走平后，开始程序升温，以 10 ℃/min 的升温速率从室温升至 800 ℃，记录开始时间。

（4）待升温结束，关闭装置，保存数据得到谱图。

3. 注意事项

（1）老化过程要在完全催化燃烧条件下持续反应足够长的时间，需要前期对条件进行摸索以得到合适的条件。

（2）升温过程中反应炉温度较高，要保证与其的安全距离。在实验结束的降温过程中，不要急于打开，以免灼伤，温度低于 200 ℃

方可打开。

（3）实验结束后，检查反应炉和气路是否已全部关闭，确保关闭后方可离开。

（四）示意图

程序升温氧化装置示意及气相氧化气氛信号示意见图8.4。

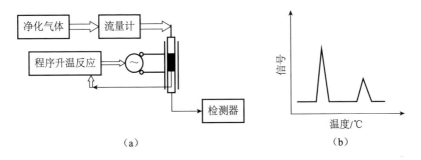

图8.4　装置示意（a）和气相氧化气氛信号示意（b）

四、思考题

（1）各个升温程序实验如何实现定量和定性分析？原理分别是什么？

（2）各个升温程序实验的适用对象是什么？

（3）各个升温程序实验前为什么要对固体样品进行预处理？

（4）各个升温程序实验对气路体系中的惰性气体有什么要求？一般用到的有哪些？

参考文献

[1] AMENOMIYA Y,CVETANOVIC R J. Application of a temperature-programmed desorption technique to catalyst studies[J]. Advances In Catalysis,1967,17:103-149.

[2] LEARY K J,MICHAELS J N,STACY A M. Temperature-programmed desorption:multisite and subsurface diffusion models [J]. AIChE Journal,1988,34(2):263-271.

[3] FALCONER J L,MADIX R J. Desorption rate isotherms in flash desorption analysis[J]. Journal of Catalysis,1977,48(1-3):262-268.

[4] TOKORO Y,UCHIJIMA T,YONEDA Y. Analysis of thermal desorption curve for heterogeneous surfaces: II . Nonlinear variations of activation energy of desorption[J]. Journal of Catalysis,1979,56(1):110-118.

[5] WANG Z,XIE K,ZUO S F,et al. Studies of sulfur poisoning process via ammonium sulfate on $MnO_2/\gamma\text{-}Al_2O_3$ catalyst for catalytic combustion of toluene[J]. Applied Catalysis B-environmental,2021,298:120595.

第九章　热分析技术

一、仪器原理与简介

同步热分析仪是一种集成热重分析(thermogravimetric analysis, TGA)和差示扫描量热法(differential scanning calorimetry, DSC)技术的综合实验设备。在程序温度变化过程中,同步热分析仪通过测量样品与参考物之间的热流差,来表征与热效应有关的物理变化和化学变化。它能够在同一测试过程中同时获取热重和差示扫描量热的信息,从而为研究者提供关于材料热性能全面而准确的数据。图9.1所示为TGA/DSC2炉体截面。

(1)热重分析是测试样品在特定的气氛中被加热或冷却时的质量变化。一条典型的聚合物TGA曲线会出现如图9.2所示的失重台阶。

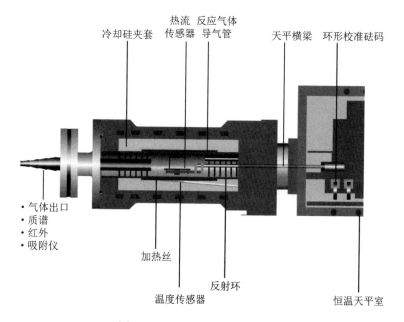

冷却硅夹套　热流传感器　反应气体导气管　天平横梁　环形校准砝码

· 气体出口
· 质谱
· 红外
· 吸附仪

加热丝

温度传感器　　反射环

恒温天平室

图 9.1　TGA/DSC2 炉体截面

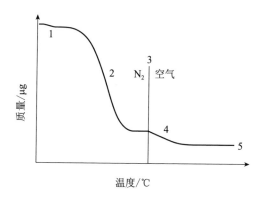

质量/μg

温度/℃

1—挥发组分(水、溶剂、单体);2—聚合物分解;3—气氛改变;

4—炭燃烧台阶(炭黑或碳纤维);5—残留物(灰分、填料、玻璃纤维等)。

图 9.2　失重台阶

（2）差示扫描量热法可以测定样品在升、降温或恒温过程中吸收或放出的能量。典型的半晶聚合物的 DSC 曲线见图 9.3。该曲线特征如下（①②③④⑤⑥分别对应图 9.3 中的 1、2、3、4、5、6）：

① 与样品热容成比例的初始偏移。

② 没有热效应的 DSC 曲线（基线）。

③ 无定形部分的玻璃化转变。

④ 冷结晶。

⑤ 熔融。

⑥ 在空气中氧化分解。

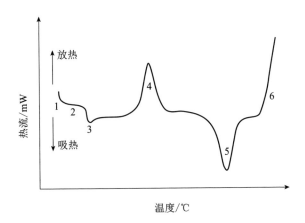

图 9.3 典型的半晶聚合物的 DSC 曲线

二、仪器应用

同步热分析仪同步测量热重与差示扫描量热信息，广泛适用于无机材料（陶瓷、合金、矿物、无机建材）、有机高分子材料（塑料、橡胶、涂料、油脂)、食品及药品等领域,尤其适用于高温材料的研究。具体应用如下。

(1)物质热稳定性和氧化还原性研究。通过测量样品在加热过程中的重量变化和热效应,研究物质的热稳定性、氧化还原性、分解、吸附、解吸等信息。

(2)材料相变和熔融研究。DSC技术可以用于研究材料的相变过程,测量其熔融温度和熔融热等参数。

(3)化学反应动力学研究。通过测量反应过程中的热量变化和重量变化,研究化学反应的动力学参数,如反应速率常数、活化能等。

(4)物质成分分析。通过测量样品在加热过程中的重量变化,确定样品的成分含量。

(5)新材料研发。测量新材料的热性质和相变行为。

三、实验部分

(一)实验仪器

同步热分析仪,瑞士梅特勒-托利多(METTLER TOLEDO)集团,TGA/DSC2/LF1100。

(二)实验目的

(1)了解同步热分析仪的测定原理及应用。

（2）测试样品在特定的气氛中被加热或冷却时的质量变化及热量变化。

（3）学会用 Origin 作 TGA 和 DSC 曲线图,并对曲线图中的变化进行分析。

（三）实验步骤

在操作 TGA/DSC2 仪器之前,请仔细检查并确认仪器气路、管路与仪器是否正常连接。

（1）开恒温水浴,预热 30 min,温度示数稳定在 22 ℃,上下浮动不能超过 0.01 ℃。

（2）开气瓶总阀,减压阀调至 0.1 MPa,不能超过 0.2 MPa。

注意:如果使用氮气作反应气,请将氮气管子通过三通管分成两路,如果使用空气作反应气,请直接用空气管子。透明管接反应气(氮气或空气,流量 20 mL/min),黑色管接保护气(只能为氮气,流量 20 mL/min)。

（3）开主机:开电脑,打开软件,主机面板显示联机状态呈绿色,预热 20 min。

（4）称量样品:将小坩埚与坩埚盖同时去皮,称量样品的质量,盖上盖子,按下主机面板的"Furnace",打开样品室,用镊子夹住坩埚放在样品台上。

注意:手不要抖动,以免弄坏样品台上的铂丝。

（5）点击"Route Editor→Open"打开编辑好的方法→输入样品名称→称样,输入质量(5～10 mg)→点击"Send Experiment"→等待主机面板中的提示,按"Proceed"→此时软件窗口进度条显示红色,表明正在进行测样。

(6)测样结束,降温到150 ℃以下,点击主机面板提示语,点击主机面板的"Furnace",取出样品。

(7)测下一个样,重复(5)。

(8)测样完毕,降温到50 ℃,关掉气瓶总阀,等待流量计示数降为零,依次关闭软件、电脑、主机、恒温水浴。

注意:如果方法是新方法(软件中不存在的),可以点击"Route Editor→New"建立新方法 → 勾选"Subtract Blank Curve"→ 点击"Save"。

在此新方法下,放入空坩埚,在 Sample 栏勾选"Run Blank Curve",走空白,点击"Send Experiment",发送成功之后,再发送两次。回到测试窗口,菜单栏点击"Control → Configuration"→ 把"Wait For Sample"勾掉。与测样时操作相同,需开启气体。

(四) 注意事项

(1)测试温度:室温至 1 000 ℃(含)。

(2)TGA/DSC2 需要由经过培训的人员进行操作,以免造成仪器的损坏。

(3)TGA 在开启后不能立即进行试验,需要等电子天平预热20 min 后方可进行。

(4)TGA/DSC2 安装固定后,请不要随意搬动。特殊情况下需要搬动时请致电厂家工程师。

(5)对于爆炸性的含能材料,测试时一定要特别小心,样品量一定要非常少,以保证不会发生爆炸。

（6）对于发泡材料，测试时一定要小心，样品量要非常少。如果样品发泡溢出黏到传感器上或黏到炉体上，一定要致电厂家工程师，不要擅自处理。

（7）炉体清洁方法：如果样品不慎污染传感器，正确的清理方法是将炉体升温到 450 ℃，保持 40 min。最好是在 O_2 氛围下进行。

（8）如果坩埚掉入炉体内，一定要报告给仪器管理员，不要擅自处理。

（9）恒温水浴中的水要经常更换（1 个月），使用规定的水。

四、思考题

（1）TGA-DSC 测试为什么不能测含硫、卤素等的样品？

（2）样品的状态影响测试结果吗？

（3）曲线有轻微波动的原因是什么？

（4）如何获取更好的 TGA 曲线和 DSC 曲线？

第十章 正电子湮没谱学

正电子湮没技术(positron annihilation technique,PAT),是一项较新的核物理技术,它利用正电子在凝聚物质中的湮没辐射带出物质内部的微观结构、电子动量分布及缺陷状态等信息[1~3]。人们在 20 世纪 30 年代发现了正电子(e^+),其是电子(e^-)的反粒子,和电子质量、电荷电量相等,只是电荷不同。e^+ 和物质中 e^- 相遇时会发生湮没现象,湮没时会发出 2 个 γ 光子,该现象称为 2γ 湮没或双光子湮没。从 20 世纪 60 年代开始,基于正电子在不同物质中的湮没过程与特征而发展起来的正电子湮没技术在固体物理和材料科学的研究领域越来越受到关注。正电子谱学实验所用的正电子源主要来自放射性同位素(如 ^{22}Na,^{64}Cu 等)的衰变,从放射源发射出的能量较高的 e^+ 进入凝聚态物质后会在约 10^{-12} 量级时间内发生热化而损失能量,动能降到 kT 量级(室温下约为 0.025 eV),热化的 e^+ 在物质内自由扩散,直至与 e^- 发生湮没。在电子密度较低的缺陷中,还可能与 e^- 先形成 e^+-e^- 束缚态,简称正电子素(Ps)。Ps 的寿命一般更长,通过测量正电子与材料中电子湮没时所发射出的 γ 射线的角度、能量,以及正电子和正电子素的寿命、浓度等,可以研究材料的电子密度和缺陷结构。

一、仪器原理与简介

正电子湮没寿命谱仪有两种,即快-慢符合正电子湮没谱仪和快-快符合正电子寿命谱仪。快-慢符合正电子湮没谱仪比较复杂,且谱仪计数率比较低。近年来人们多采用快-快符合正电子寿命谱仪(图 10.1),它具有调节方便、计数率高等优点。快-快符合正电子寿命谱仪基本原理:测定每一个 e^+ 在材料样品中的湮没寿命必须要有起始和终止两个信号,起始信号指的是热化 e^+ 进入样品的某一时刻,终止信号指的是 e^+ 发生湮没的某一时刻。最常用的方法是通过正电子源在放出 e^+ 的同时发射出一个能量为 1.28 MeV 的 γ 光子为起始信号,能量为 0.511 MeV 的湮没 γ 光子则为终止信号。γ 光子通过探头接收,经过恒比甄别器对其能量进行选择,起始通道只接收能量为 1.28 MeV 的 γ 光子,终止通道主要接收能量为 0.511 MeV 的湮没 γ 光子,它们之间的时间差由时幅转换器正比转换成电脉冲。该电脉冲作为一个湮没事件被多道分析器接收,符合电路甄别两个 γ 光子是否属于同一个正电子的起始和终止信号。一般为了确保统计精度,构成一个正电子寿命谱,湮没事件一般要求在 10^6 个以上。因此,一个普通寿命谱的测量一般需要 1~3 h。

正电子从放射源中发射出来后一般会经历以下 3 个阶段。

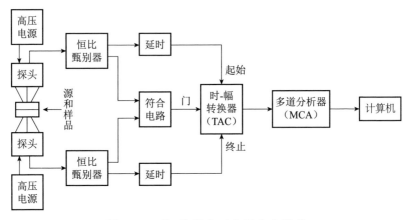

图 10.1　快-快符合正电子寿命谱仪

（一）正电子在固体物质中的注入

从放射源发射出的正电子在进入材料后,会在几个 Ps 内通过多种形式损失能量,包括电子电离、等离子体激发、电子-正电子碰撞等,并与外界环境达到热平衡,这种现象称为正电子的热化。正电子的射程近似满足式(10.1)中的指数关系:

$$P(z,E) = \mu\exp(-\mu z) \tag{10.1}$$

式中,μ 为吸收系数,由入射时正电子的能量及材料密度决定;$P(z,E)$ 为正电子在介质中的注入深度分布;z 为距离表面的深度;E 为正电子的能量。

一般地,正电子平均注入深度为 $10\sim1\,000\ \mu m$,这保证了正电子湮没所反映的是材料的体信息。

（二）正电子在固体物质中的扩散

热化后的正电子在材料中随机扩散,平均扩散长度约为 $0.1\ \mu m$,

最终与电子发生湮没并发射 γ 光子。热化后的正电子处于正电子导带带底的基态,即非局域的布洛赫态,并服从玻尔兹曼分布。

(三) 正电子在固体物质中的湮没

在热扩散阶段,正电子会与电子发生湮没,并发射 γ 光子,这个过程称为扩散湮没。并且产生的 γ 光子会将材料中的微观结构信息带出来。实验上往往把从正电子发射为起始到发出湮没 γ 光子为终止的时间间隔作为正电子湮没寿命。

扩散湮没一般分为自由湮没和捕获态湮没。

自由湮没:正电子与介质中的电子结合不是束缚态,而是处于自由状态湮没。一般发生在金属或结晶完善的材料内部。

捕获态湮没:正电子波函数可能与晶格中的晶格缺陷重叠。由于没有正电子的晶格空位是正电子的吸引中心,当吸引势足够强时,正电子波函数将局域化到缺陷处,形成局域态或正电子捕获态(正电子素,Ps)。换句话说,正电子在电子密度较低的微观缺陷处先捆绑一个电子形成束缚态,再通过各种猝灭形式发生湮没。这种情况一般发生在微观缺陷尺寸相对较大的结晶度较低的分子材料内部。

$$f_+(E_+, T) = (\pi m \times k_B T)^{-\frac{3}{2}} \exp(-E_+/k_B T) \qquad (10.2)$$

式中,$f_+(E_+, T)$ 为在给定能量 E_+ 和温度 T 时正电子占据某量子态的概率;E_+ 为正电子能量;T 为热力学温度;m 为质量;k_B 为玻尔兹曼常数。

根据正电子与电子的自旋是互相平行还是反平行,Ps 形成两种态,即正态正电子素(o-Ps)(三重态)和仲态正电子素(p-Ps)(单态)。

量子电动力学证明,在真空中,p-Ps 寿命较短,只有 125 ps,o-Ps

寿命较长,在真空中为 142 ns。但在所有实际的系统中,都发现 Ps 的寿命比预期的要短,这是因为发生了猝灭。

猝灭的三种主要形式如下。[4,5]

(1) 转换猝灭:o-Ps 与具有未成对电子的分子发生碰撞,交换了一个自旋相反的电子,o-Ps 转换成 p-Ps。这意味着 o-Ps 的寿命缩短了。

(2) 拾取猝灭:o-Ps 中的 e^+ 与外界中自旋相反的电子相遇,发生湮没,寿命变短(约为 1~10 ns)。

(3) 化学猝灭:o-Ps 中的 e^- 发生氧化反应变成自由 e^-,寿命变短。

因此可以利用正电子或正电子素在材料样品中的寿命分布来表征材料的种类,以及材料内部的结构与缺陷情况。

对于分子固体,一般可用 o-Ps 为探针来表征材料的缺陷尺寸与浓度,可以用经典的量子力学方程,根据不同的缺陷形状,来计算微观缺陷的尺寸。其主要有三种缺陷模型:球状缺陷,对应的半径 R 可用式(10.3)来计算;层状立方体缺陷,对应的立方体高 l 可用式(10.4)来计算;圆柱体管状缺陷,对应的圆柱体半径 r 可用式(10.5)来计算。[6-8]

$$\frac{1}{\tau_3} = 2\left[1 - \frac{R}{R + \Delta R} + \frac{1}{2\pi}\sin\left(\frac{2\pi R}{R + \Delta R}\right)\right] \tag{10.3}$$

$$\tau_3 = 0.5\left[1 - \left(\frac{l}{l + 2\Delta l} + \frac{1}{\pi}\sin\frac{\pi l}{l + \Delta l}\right)\right]^{-1} \tag{10.4}$$

$$\tau_3 = \left[2.56\int_{X(R/R+\Delta R)}^{X} J_0^2(r)r\mathrm{d}r\right]^{-1} \tag{10.5}$$

式中,$\Delta R = 0.1655$ nm;$\Delta l = 0.17$ nm;τ_3 为 o-Ps 湮没寿命。

通过 o-Ps 的湮没浓度 I_3 与缺陷的体积 V,我们还可以得到表观自

由体积分数,以综合考量分子固体的缺陷变化情况[式(10.6)]。[9,10]

$$f_{app} = I_3 V \qquad (10.6)$$

二、实验部分

(一) 预处理

1. 源的选择与制备

将一滴 ^{22}NaCl 溶液滴在铝箔或云母箔(厚)上,待干燥后再在其上面覆上一层同样的箔,组成一个不泄漏"夹心饼干"式源托。

2. 粉末样品的制备

使用黄铜模具将粉末加入模具中,在模板上垫上洁净的铝箔纸(防止样品污染及保证样品表面平整),再使用压片机压片,压力压至 30 MPa,等待其缓慢泄压至 20 MPa 后停止压片,取出样品备用。用同一方法制备两片样品。

3. 薄膜样品的制备

将薄膜样品剪裁或折叠为 1 cm×1 cm 的大小,若厚度不足 0.1 cm,则使用胶带或胶水反复叠加(尽量保证胶带和胶水在样品的边缘,以免影响测试准确性)直至厚度达到 0.1 cm(厚度不足会影响样品测试的准确度)。同一样品需制备两片,尽量保证两片厚度相同。

（二）测试

（1）将源托夹在两片样品之间,确保样品正对着^{22}Na源,并用胶带固定,防止材料错位后影响测试数据,并将其放于两个探测头之间。

（2）打开测试程序,设置基本实验参数,选择测试通道,准备测试。

（3）右键点击"clear",清除上次测样的数据。右键点击"start",开始测试。在有峰出现时双击峰的最高点,记录相关数据,并记录测试时间、测试环境温度、测试环境湿度。

（4）测试结束,点击"保存"按钮,保存数据,取出样品。

（5）进行下一轮样品制备。

（三）注意事项

源托的选择:源托必须很薄且能插入所研究的样品中间;要保证正电子与样品发生作用,而不是与源托本身起作用;要求源托有足够牢度,且能经得住来自样品或^{22}NaCl本身的腐蚀;要求源衬底中Ps形成概率小。

（四）数据分析

1. 数据格式转化

保存的数据使用数据转化软件将ORTEC多道格式转化为LT9

格式,再使用 ProgramLTv9 软件进行解谱(数据拟合精度要尽量接近 1.0),以获得材料对应的缺陷数据,相关参数如图 10.2 所示。将得到的数据复制到 txt 或 word 文件中保存。

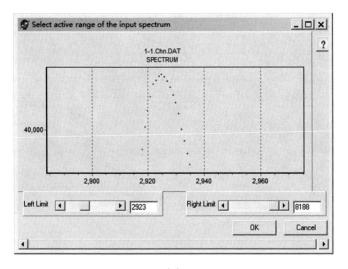

(a)

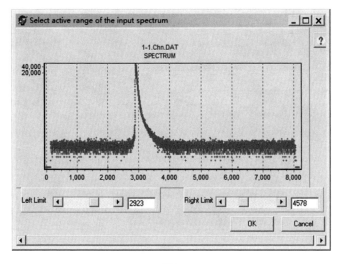

(b)

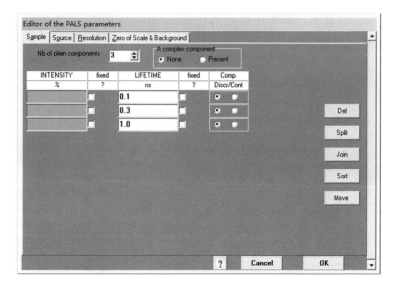

（c）

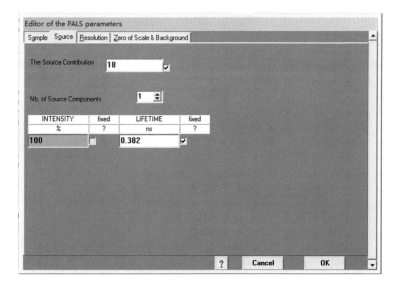

（d）

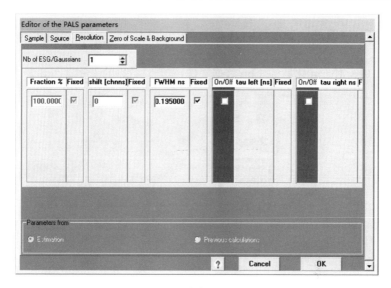

（e）

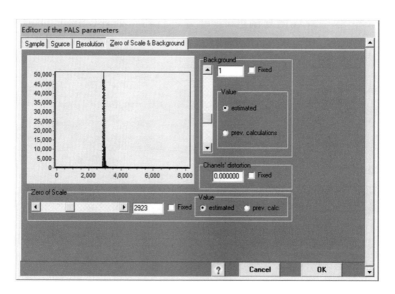

（f）

图 10.2　数据格式转化相关参数

2. 谱图的绘制

（1）对于转化后的.Chn数据文件，先删除数据的1～4行（图10.3）。

图 10.3 删除数据的 1～4 行

（2）然后将数据复制进 excel 并进行初步处理（图 10.4）。

	A	B	C
1	1		0
2	2		0
3	3		0
4	4		0
5	5		0
6	6		0
7	7		0
8	8		0
9	9		0
10	10		0
11	11		0
12	12		0
13	13		0
14	14		0
15	15		0

图 10.4 将数据复制进 excel

① 对数据进行纵向排序(1~8188),中间空出一列。

② 找出 C 列数据的最大值,并确定对应的行数,在 B 列,该行为 0 点,往上每行减一,往下每行加一,并填满。操作如图 10.5 所示。

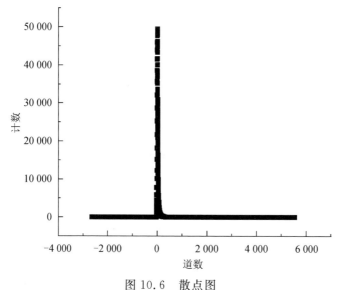

2639	2639		38605
2640	2640		41572
2641	2641		43955
2642	2642		46004
2643	2643		47746
2644	2644		48530
2645	2645		49312
2646	2646		49421
2647	2647		48946
2648	2648		48475
2649	2649		47998
2650	2650		46206
2651	2651		44921
2652	2652		43411

2641	2641	-5	43955
2642	2642	-4	46004
2643	2643	-3	47746
2644	2644	-2	48530
2645	2645	-1	49312
2646	2646	0	49421
2647	2647	1	48946
2648	2648	2	48475
2649	2649	3	47998
2650	2650	4	46206
2651	2651	5	44921

图 10.5 填满 B 列

③ 复制 B、C 两列至 Origin 处理(B 列为 x 轴,C 列为 y 轴),绘制散点图(图 10.6)。

图 10.6 散点图

④ 对谱图进行美化处理。将 y 轴类型设置为 Log10,起始点改为 0.5(图 10.7)。将 x 轴刻度线除以 76.92(1/0.013)(图 10.8)。将横坐标数值转化为寿命,再根据自己的数据,更改 x 轴起始数值和结束数值(图 10.9)。最后加上轴线,再美化一下图像(图 10.10)。

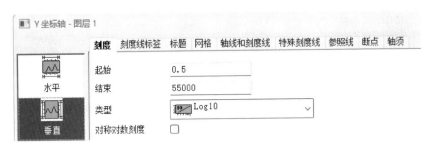

图 10.7 设置起始点及类型

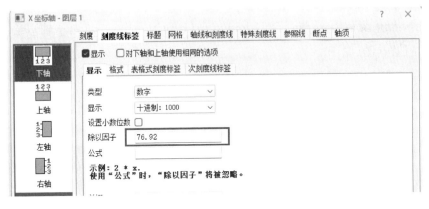

图 10.8 设置除以因子

⑤ 对谱图进行解谱拟合分析,一般利用 lifetime 9.0 软件进行 3 组分寿命(τ_1,τ_2,τ_3)拟合解谱分析以及相应的强度(I_1,I_2,I_3)分析。

⑥对得到的 τ_3、I_3 等数据,根据如上的不同缺陷模型进行换算,可以得到相应的微观缺陷的体积、湮没浓度和自由体积分数等信息。

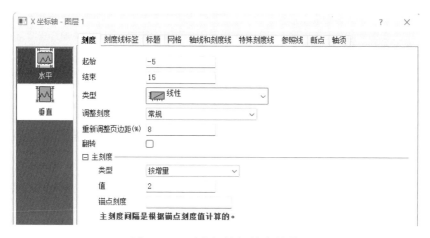

图 10.9　更改起始与结束数值

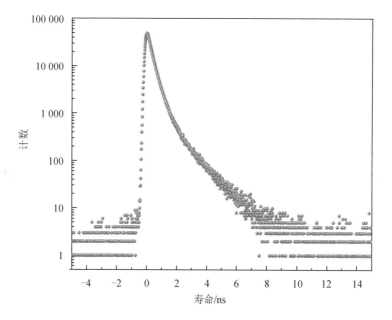

图 10.10　加上轴线并稍作美化

三、思考题

（1）正电子湮没测定自由体积等微观缺陷的主要原理是什么？

（2）*o*-Ps 湮没受哪些因素的影响？以 *o*-Ps 为探针测定分子固体微观缺陷适用的量子力学模型有哪些？

（3）正电子湮没技术区别于扫描（透射）电子显微镜、热分析、X 射线衍射等其他常规技术的主要特点是什么？

参考文献

［1］JEAN Y C，VAN HORN J D，HUNG W S，et al. Perspective of positron annihilation spectroscopy in polymers［J］. Macromolecules，2013，46(18)：7133-7145.

［2］PETHRICK R A. Positron annihilation—a probe for nanoscale voids and free volume？［J］. Progress in Polymer Science，1997，22(1)：1-47.

［3］SHARMA S K，PUJARI P K. Role of free volume characteristics of polymer matrix in bulk physical properties of polymer nanocomposites：a review of positron annihilation lifetime studies［J］. Progress in Polymer Science，2017，75：31-47.

［4］郁伟中. 正电子物理及其应用［M］. 北京：科学出版社，2003.

［5］朱升云. 核分析技术及其应用［M］. 哈尔滨：哈尔滨工程大学出版社，2022.

[6] TAO S J. Positronium annihilation in molecular substances[J]. The Journal of Chemical Physics,1972,56(11):5499-5510.

[7] ELDRUP M,LIGHTBODY D,SHERWOOD J N. The temperature dependence of positron lifetimes in solid pivalic acid[J]. Chemical Physics,1981,63(1-2):51-58.

[8] CONSOLATI G,NATALI-SORA I,PELOSATO R,et al. Investigation of cation-exchanged montmorillonites by combined x-ray diffraction and positron annihilation lifetime spectroscopy[J]. Journal of Applied Physics,2002,91(4):1928-1932.

[9] CHEN Y L,YANG S,ZHANG T J,et al. Positron annihilation study of chitosan and its derived carbon/pillared montmorillonite clay stabilized Pd species nanocomposites[J]. Polymer Testing,2022,114:107689.

[10] ZENG M F,ZHANG T J,CHEN J Y,et al. Positron annihilation spectroscopic investigation of pillared clay-based catalytic hybrid nanocomposites[J]. Radiation Physics and Chemistry, 2024,220:111722.

第十一章　核磁共振波谱学

一、仪器原理与简介

核磁共振（nuclear magnetic resonance，NMR）的研究对象为具有磁矩的原子核。原子核是带正电荷的粒子，其自旋运动产生磁矩，但并非所有同位素的原子核都有自旋运动，只有存在自旋运动的原子核才具有磁矩。原子核的自旋运动与自旋量子数 I 有关。$I=0$ 的原子核没有自旋运动，$I \neq 0$ 的原子核才有自旋运动。

以自旋量子数 $I=1/2$ 的原子核为例，如 ^{1}H、^{13}C、^{15}N、^{19}F、^{31}P 等，原子核可当作电荷均匀分布的球体，绕自旋轴转动时，产生磁场，类似一个小磁铁。当其置于外加磁场 H_0 中时，相对于外磁场，可以有 $(2I+1)$ 种取向。原子核 $(I=1/2)$ 有两种取向（两个能级）：与外磁场平行,能量低,磁量子数 $m=+1/2$;与外磁场相反,能量高,磁量子数 $m=-1/2$。正向排列的核能量较低,逆向排列的核能量较高。两种进动取向不同的原子核之间的能级差:$\Delta E = \mu H_0$(μ 为磁矩,H_0 为外磁场强度)。一个核要从低能态跃迁到高能态,必须吸收 ΔE 的能量。让处于外磁场中的自旋核接受一定频率的电磁波辐射,当辐射的能量恰好等于自旋核两种不同取向的能量差时,处于低能态的自旋核吸收电磁辐射能跃迁到高能态,这种现象称为核磁共振。

二、仪器应用

核磁共振技术广泛应用于化学、材料科学、药学、生物学等领域。在化学分析上主要用于定性和定量分析,确定化合物结构,并且能监测反应进程,用于研究反应机理。用它还可以研究各种化学键的性质及溶液中的动态平衡等。

三、实验部分

(一)实验仪器

400 MHz 傅立叶变换核磁共振波谱仪,瑞士布鲁克公司,AVANCE Ⅲ型。

（二）实验目的

（1）掌握核磁共振的原理与基本结构。

（2）学会核磁共振波谱仪的操作方法与谱图解析。

（3）了解核磁共振在科研中的具体应用。

（三）实验步骤

1. 样品制备

对于固体样品，如果使用 5 mm 样品管，按照丰度，氢谱质量分数为 5%～10%，碳谱为 20% 左右。^{1}H-NMR 谱样品几毫克至几十毫克，对于[13]C-NMR 谱则要适量增加样品质量。加入 0.5 mL 左右氘代试剂，混合均匀，呈澄清透明溶液，盖上核磁管帽，做好标记。

2. 样品手动检测

（1）开机：打开计算机、主机、辅助设备。

（2）进入操作界面，利用相关软件进行试验参数的设置。

（3）进样：将样品管插入转子，定深量筒控制样品管插入转子的深度。尽量保持样品液面与量筒内的指示线对齐。

（4）样品的升、降是由压缩空气控制的。点击 BSMS 面板上的"LIFT"键，可以听到气流的声音，取下前一个样品，确认存在气体后，把新样品放到进样口上。再次点击"LIFT"键，样品会缓慢落进磁体，精确进入检测区域。

（5）听到"哒"的声音后，样品就位，此时可点击"new experiment"新建实验，根据规则对样品进行命名。（使用氢谱的脉冲序列测得的为氢谱数据，需要测碳谱时则需要使用碳谱的脉冲序列。）

（6）实验新建后，输入"lock"命令，并根据配置样品时所用的氘代试剂选择相应溶剂。

（7）锁场完成后，在命令行输入指令"atma"，进行调谐。

（8）调谐完成后，输入"topshim"，进行自动匀场。

（9）匀场结束后，输入"rga"，自动设定接收机增益。

（10）在命令行输入"ns"，设定扫描次数。

（11）输入"zgefp"，系统开始采集数据。采样期间可以输入"tr"保存数据，再输入"efp"进行傅立叶变换，实时查看谱图。

（12）输入"apk"，进行相位自动校正，输入"absn"，进行基线校正。

（13）对谱图进行标零、标峰、积分处理，打印谱图。

（四）数据处理

（1）根据分子式计算不饱和度。

（2）区分溶剂峰和杂质峰，根据峰形、峰面积、电子效应等对各种峰进行归属。

（3）结合氢谱、碳谱及其他谱学手段对化合物结构进行推断。

四、思考题

（1）样品制备过程中应注意哪些事项？

（2）什么是自旋-自旋耦合的 $n+1$ 规律？如何运用 $n+1$ 规律解析谱图？

（3）说明化学位移与耦合常数之间的关系。

（4）^{1}H-NMR 谱图能提供哪些信息和参数？每个参数是如何与分子结构相联系的？

五、附录

常见核磁共振波谱谱图见图 11.1～图 11.9。

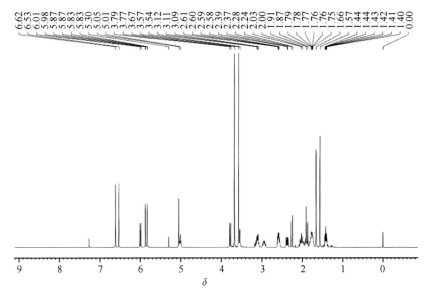

图 11.1　氢（^{1}H）-NMR 谱图

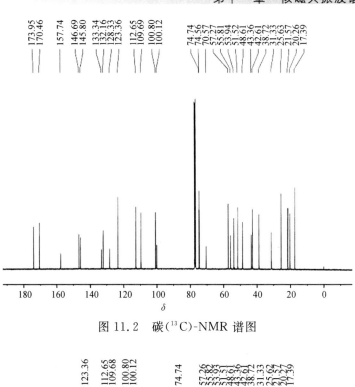

图 11.2 碳(^{13}C)-NMR 谱图

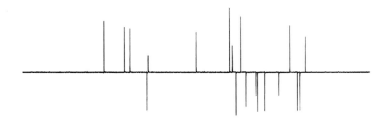

图 11.3 碳(^{13}C)-DEPT 135 谱图

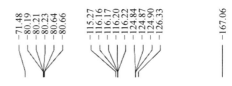

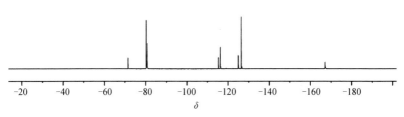

图 11.4 氟(^{19}F)-NMR 谱图

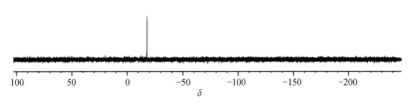

图 11.5 磷(^{31}P)-NMR 谱图

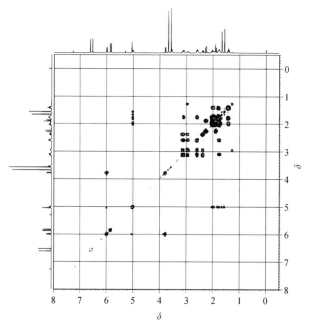

图 11.6 氢-氢(^{1}H-^{1}H)COSY 谱图

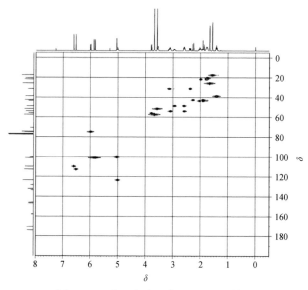

图 11.7 氢-碳(^{1}H-^{13}C)HSQC 谱图

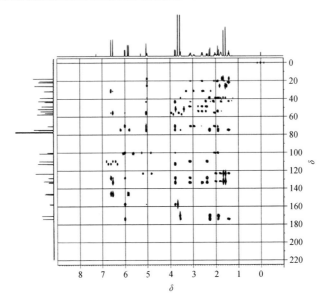

图 11.8　氢-碳(^{1}H-^{13}C) HMBC 谱图

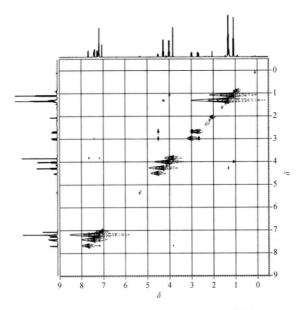

图 11.9　氢-氢(^{1}H-^{1}H) NOESY 谱图

第十二章　气相色谱-质谱

一、仪器原理与简介

气相色谱法(gas chromatography,GC)是一种应用非常广泛的分离手段,它是以惰性气体作为流动相的柱色谱法,其分离原理是基于样品中的组分在两相间分配上的差异。气相色谱法虽然可以将复杂混合物中的各个组分分离开,但其定性能力较差,通常只是利用组分的保留特性来定性,这在欲定性的组分完全未知或无法获得组分的标准样品时,对组分进行定性分析十分困难。随着质谱(MS)、红外光谱及核磁共振等定性分析手段的发展,目前主要采用在线的联用技术,即将色谱法与其他定性或结构分析手段直接联机,来解决色谱定性困难的问题。气相色谱-质谱联用仪(GC-MS)是最早实现商品化的色谱联用仪器。目前,小型台式 GC-MS 已成为很多实验室的常规配置。

质谱仪的基本结构和功能:

质谱系统一般由真空系统、进样系统、离子源、质量分析器、检测器和计算机控制与数据处理系统(工作站)等部分组成。

质谱仪的离子源、质量分析器和检测器必须在高真空状态下工作,以减少本底的干扰,避免发生不必要的分子-离子反应。质谱仪的高真空系统一般由机械泵和扩散泵或涡轮分子泵串联组成。机械泵作为前级泵将真空抽到 $10^{-2} \sim 10^{-1}$ Pa,然后由扩散泵或涡轮分子泵将真空度降至质谱仪工作需要的真空度 $10^{-5} \sim 10^{-4}$ Pa。虽然涡轮分子泵可在十几分钟内将真空度降至工作范围,但一般仍然需要继续平衡 2 h 左右,充分排除真空体系内存在的诸如水分、空气等杂质,以保证仪器工作正常。

气相色谱-质谱联用仪的进样系统由接口和气相色谱组成。接口的作用是使经气相色谱分离出的各组分依次进入质谱仪的离子源。接口一般应满足如下要求:(1)不破坏离子源的高真空,也不影响色谱分离的柱效;(2)使色谱分离后的组分尽可能多地进入离子源,流动相尽可能少地进入离子源;(3)不改变色谱分离后各组分的组成和结构。

离子源的作用是将被分析的样品分子电离成带电的离子,并使这些离子在离子光学系统的作用下,汇聚成有一定几何形状和一定能量的离子束,然后进入质量分析器被分离。其性能直接影响质谱仪的灵敏度和分辨率。离子源的选择主要依据被分析物的热稳定性和电离的难易程度,以期得到分子、离子峰。电子轰击(electron impact,EI)电离源是气相色谱-质谱联用仪中最为常见的电离源,它要求被分析物能气化且气化时不分解。

质量分析器是质谱仪的核心,它将离子源产生的离子按质荷比(m/z)的不同,在空间位置、时间先后及轨道稳定与否进行分离,以得到按质荷比大小顺序排列的质谱图。以四极质量分析器(四极杆滤质器)为质量分析器的质谱仪称为四极杆质谱。它具有重量轻、体积小、造价低的特点,是目前台式气相色谱-质谱联用仪中最常用的质量分析器。

检测器的作用是将来自质量分析器的离子束进行放大并进行检测,电子倍增检测器是气相色谱-质谱联用仪中最常用的检测器。

计算机控制与数据处理系统(工作站)的功能是快速准确地采集和处理数据;监控质谱及色谱各单元的工作状态;对化合物自动地进行定性、定量分析;按用户要求自动生成分析报告。

标准质谱图是在标准电离条件下,即 70 eV 电子束轰击已知纯有机化合物得到的质谱图。在气相色谱-质谱联用仪中,进行组分定性的常用方法是标准谱库检索,即利用计算机将待分析组分(纯化合物)的质谱图与计算机内保存的已知化合物的标准质谱图按一定程序进行比较,将匹配度(相似度)最高的若干个化合物的名称、分子量、分子式、识别代号及匹配率等数据列出供用户参考。值得注意的是,匹配率最高的并不一定是最终的分析结果。

目前比较常用的通用质谱谱库包括美国国家标准与技术研究院(The National Institute of Standards and Technology,NIST)谱库、概率匹配(probabilty-based matching,PBM)谱库等,这些谱库收录的标准质谱图均在 10 万张以上。

二、仪器应用

GC-MS 是一种结合气相色谱和质谱的特性,在试样中鉴别不同物质的方法。其主要应用于工业检测、食品安全、环境保护等众多领域,如农药残留、食品添加剂等;纺织品检测,如禁用偶氮染料、含氯苯酚检测等;化妆品检测,如二恶烷、香精香料检测等;电子电器产品检测,如多溴联苯、多溴联苯醚检测等。物证检验中可能涉及各种各样的复杂化合物,气相色谱-质谱联用仪为司法鉴定过程中的复杂化合物的定性、定量分析提供了强有力的支持。

三、实验部分

气相色谱-质谱联用定性鉴定混合溶剂的成分。

(一)实验仪器和试剂

(1) 仪器:气质联用仪 Agilent 5975-6890N(图 12.1)。

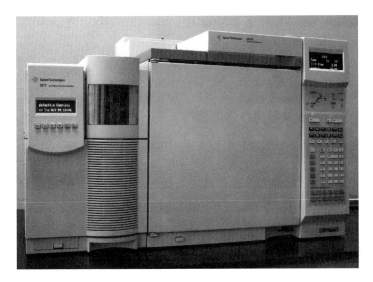

图 12.1　气质联用仪 Agilent 5975-6890N

（2）试剂：0.1 mg/mL 的苯试样，未知含量的乙醇、乙酸乙酯、苯、乙苯的混合物溶液。

（二）实验条件

1. 气相色谱条件

色谱柱：HP-5，30 m×0.25 mm×0.25 μm。

载气流量：1.0 mL/min。

分流比：20：1。

进样口温度：200 ℃。

柱温：80 ℃升至 150 ℃，程序升温速率 10 ℃/min。

2.质谱条件

电离方式和电离电位:70 eV 电子轰击电离。

电子倍增检测器电压:1 260 V。

质荷比(m/z)扫描范围:20~400。

溶剂延迟:1 min。

(三) 实验步骤

(1) 检查仪器状态。

(2) 设定仪器及实验条件。

(3) 设定采样参数。

(4) 进样。

(5) 观察测试过程。

(四) 实验结果

根据谱库检索结果直接写出混合溶剂的成分并计算未知试样中苯的含量(标准苯试样为 0.1 mg/mL)。定量分析的依据是被测组分的量与响应信号成正比[式(12.1)]:

$$m = fA \tag{12.1}$$

式中,m 代表被测组分的量;A 代表峰面积;f 代表校正因子。

四、思考题

（1）质谱为什么需要高真空？

（2）解析混合溶剂中乙苯的质谱图。

第十三章　高效液相色谱

一、仪器原理及简介

高效液相色谱法（high performance liquid chromatography，HPLC）是以高压下的液体为流动相，并采用颗粒极细的高效固定相的柱色谱分离技术。高效液相色谱法对样品的适用性广，不受分析对象挥发性和热稳定性的限制，因而弥补了气相色谱法的不足。

（一）高效液相色谱分析的流程

高效液相色谱仪的系统由储液器、输液泵、进样器、色谱柱、检测器、记录仪等几部分组成。储液器中的流动相被高压泵打入系统,样品溶液经进样器进入流动相,被流动相载入色谱柱(固定相)内。由于样品溶液中的各组分在两相中具有不同的分配系数,在两相中作相对运动时,经过反复多次吸附-解吸的分配过程,各组分在移动速度上产生较大的差别,被分离成单个组分依次从柱内流出,通过检测器时,样品浓度被转换成电信号传送到记录仪,检测信号由数据处理设备采集与处理,并记录色谱图,废液流入废液瓶。

(二)高效液相色谱的分离过程

同其他色谱过程一样,HPLC 也是溶质在固定相和流动相之间进行的一种连续多次交换过程。它借溶质在两相间分配系数、亲和力、吸附能力及分子大小的不同而引起的排阻作用的差别使不同溶质得以分离。不同组分在色谱过程中的分离情况,首先取决于各组分在两相间的分配系数、吸附能力、亲和力等是否有差异,这是热力学平衡问题,也是分离的首要条件。当不同组分在色谱柱中运动时,谱带随柱长展宽,分离情况与两相之间的扩散系数、固定相粒度的大小、柱的填充情况以及流动相的流速等有关。所以分离最终效果是热力学与动力学两方面的综合结果。

二、仪器应用

HPLC 具有高分辨率、高灵敏度、速度快、色谱柱可反复利用、流出组分易收集等优点,被广泛应用于生物化学、食品分析、医药研究、环境分析、无机分析等领域。高效液相色谱仪与结构仪器的联用是一个重要的发展方向,如液相色谱-质谱连用技术,该技术受到普遍重视。HPLC 适用于分析高沸点不易挥发、受热不稳定易分解、分子量大、不同极性的有机化合物;生物活性物质和多种天然产物;合成的和天然的高分子化合物等。HPLC 还涉及石油化工、食品、合成药物、生物化工产品及环境污染物的分离与分析等。

三、实验部分

(一) 实验仪器

日本岛津 LC-20A Prominence 高效液相色谱仪。

(二) 实验目的

(1) 了解高效液相色谱法分离的基本原理。

(2) 了解高效液相色谱仪的基本构造。

(3) 掌握高效液相色谱仪的基本操作。

(三) 操作规程

1. 实验前的准备

(1) 准备所需的流动相和自动进样器用的清洗液(甲醇与水的

体积比为 50 : 50),用合适的有机滤膜(0.45 μm)滤过。流动相装入溶剂储液瓶,确认吸滤头已置于液面以下。

(2) 配制样品和标准品溶液,用合适的滤膜(0.45 μm)滤过。

(3) 根据待检样品的需要更换合适的洗脱柱(连接时注意方向)。

2. 开机

(1) 接通电源,打开输液泵(脱气机自动打开)、检测器、自动进样器、柱温箱,顺序无关紧要;等待各仪器单元的指示灯变为绿色时进行下一步操作。

(2) 打开电脑,双击桌面"LCsolution"图标,点击"仪器 1",弹出"登录"窗口,点击"确认",听到两声蜂鸣,表示 LCsolution 色谱工作站与仪器联机正常。

(3) 在 LCsolution 色谱工作站"仪器参数视图"中"自动排气"项进行排气时间设置,对输液泵及自动进样器进行必要的清洗操作,排出相应流路中的气泡;检查输液泵在动作前的压力显示值,必要时对此压力进行调零。

3. 参数设定

点击"仪器参数视图"进入仪器参数设置界面:选中"正常"或"高级"项,分别设定"泵""柱温箱""检测器 A""数据采集""LC 时间程序""控制器""自动进样器"等参数。

(1) "泵"参数:"模式"控制送液模式,"泵 A 总流速"设定流速,"溶剂 B(C、D)浓度"为各相所占百分比,"压力限制(泵 A)"设置系统所能承受的压力范围,通常将"最大值"设为 18.0,"最小值"设为 0。

（2）"柱温箱"参数：若使用柱温箱，则选中"启用柱温箱"复选框，在"柱温箱温度"设定柱温，"最高温度"设定最高保护温度（通常默认 85 ℃）。

（3）"检测器 A"参数："灯"项选"D2"表示将灯打开，选"关"则氘灯关闭；"波长通道 1(1)"处设置检测波长；其余保持默认值。

（4）"数据采集"参数：选中"采集时间（检测器 A）"复选框，设置数据采集的"开始时间"和"结束时间"。

（5）"LC 时间程序"参数：若采用梯度洗脱方式，则须编辑泵梯度洗脱程序，也可以通过时间程序控制柱温箱温度、检测波长等参数。

（6）"控制器""自动进样器"参数：控制器和自动进样器参数不用单独设置，直接根据前面样品参数设置依次进行。

参数设定完毕，点击主菜单中"文件"下的"另存方法文件"保存方法文件。点击"下载"传送参数。

4. 数据采集方法编辑

点击"数据采集"进入采集数据编辑方法界面；点击主菜单中"方法"下的"数据分析参数（检测器 A）"编辑数据分析参数，设置"半峰宽""斜率""最小峰面积"等数据积分参数。

保存方法：点击主菜单中"文件"下的"另存方法文件"保存数据分析参数。

5. 平衡系统

点击"仪器开/关"（此时"泵开/关"同时开启），使仪器处于开启状态。系统开始运行,检查各单元参数应与方法设定的一致,等待系统平衡。一般情况下,由于流动相不同,所以交换平衡时间不同。可以观察检测器输出信号变化,如果输出信号稳定不变,即认为接近平衡,可以调零等待,待基线平稳、压力稳定、系统平衡后,准备进样分析。

6. 进样分析

(1) 单针进样分析:点击"单次运行"图标编辑样品参数,如"样品名""样品 ID"等样品信息;在"方法文件"项调用本次分析的方法文件名,在"数据文件"项选择数据存储路径;填写本次分析的"样品瓶""样品架""进样体积",点击"确定"后,开始进样操作。

(2) 批处理分析:点击"批处理",出现批处理表的对话框。使用"向导"创建批处理表。点击"向导",弹出"批处理表向导"对话框,选择"新建"批处理表,在"方法文件"项选择方法文件,选择"开始样品瓶""样品架",输入"进样体积",点击"下一步";"样品组数"选择"1","样品类型"选择"仅未知",点击"下一步";输入"样品名""样品 ID",在"数据文件"项下选择数据存储路径,在"每组中的未知样品瓶数"项输入批处理个数,点击"下一步";"批处理向导→汇总报告"不做设置,点击"下一步";选择"关机方法文件"及"冷却时间";点击"完成",初步建立一个批处理表。在建立好的批处理表中,可以根据需要,手动更改样品信息及分析方法。点击"批处理开始",批处理表开始运行。

7. 报告编辑

(1) 在"LC 再解析"中,点击"LC 数据分析"。进入数据后处理界面。打开一个数据文件,可以在"色谱图视图"中观察 LC 色谱图,在色谱图上单击右键,可以更改积分参数,调整色谱图显示方式。

（2）点击"数据报告"进入报告界面,调入报告格式文件,用鼠标将报告格式文件拖拽到右侧报告栏内。报告格式,可以通过内容选择图标,在报告中确定位置后,添加即可。右键功能很强大,可以根据需要对报告进行修改。

8. 系统清洗

数据采集完毕后,关闭检测器,继续冲洗 20 min(若如流动相含缓冲盐,则换为不含缓冲盐的同比例流动相再冲洗 20 min),可采用以下方式冲洗系统。

（1）换用纯水(至少含 5％的有机相)冲洗系统及色谱柱,至少冲洗 60 min;最后用甲醇或乙腈冲洗,至少冲洗 30 min。

（2）在"LC 时间程序"中设置梯度程序清洗系统及色谱柱。冲洗完成后,将整个流路都置于有机溶剂中。

注意:由于仪器单向阀结构及材质的原因,建议流路最终保存在甲醇中,若长期使用乙腈流动相或用乙腈冲洗流路,易造成单向阀堵塞。

9. 关机

清洗完成后,点击"仪器开/关",观察"泵 A 压力"降至 0.0 MPa后,拆下色谱柱,连接二通阀;点击"关机"关闭系统,关闭仪器各单元电源按钮。

10. 填写记录

认真填写仪器使用记录,收拾实验台面。

(四)实验步骤

(1)按操作规程开机。

(2)选择合适的流动相配比,通过调节溶剂甲醇和水(可根据实际情况选择流动相配比)的混合比例,从而优化色谱条件。调好最佳色谱条件,控制流速为 1 mL/min。柱温 30 ℃,检测波长 354 nm。

(3)化合物定性分析(以甲苯和苯的混合物为例)。

(4)在最佳条件下,待基线走稳后,用 10 μL 微量注射器分别进样 10 μL 苯和甲苯混合待测溶液、10 μL 苯标准溶液(2.0 μL/mL)和 10 μL 甲苯标准溶液(2.0 μL/mL)(微量注射器用甲醇润洗 3~5 遍),观察并记录色谱图上显示的保留时间,确定苯和甲苯的峰。

(5)化合物的定量分析。

(6)在最佳条件下,待基线走稳后,用 10 μL 微量注射器分别进样 1.0 μL/mL、2.0 μL/mL、5.0 μL/mL、10.0 μL/mL 的苯和甲苯混合标准溶液 10 μL。观察并记录各色谱图上的保留时间和峰面积。绘制苯和甲苯混合标准溶液峰面积与相应浓度的标准曲线。

(7)混合待测溶液分析。

(8)根据得到的苯和甲苯混合待测溶液的液相色谱图上显示的峰面积值,从绘制的标准曲线上查出苯和甲苯混合待测溶液中苯和甲苯各自的浓度。

四、思考题

（1）高效液相色谱如何实现高效、快速、灵敏测量？

（2）液相色谱中引起色谱峰扩展的主要因素有哪些？如何减少谱带扩张，提高柱效？

（3）流动相为什么要脱气？常用脱气方法有哪几种？

第十四章　电感耦合等离子体原子发射光谱

电感耦合等离子体原子发射光谱(inductively coupled plasma-atomic emission spectroscopy，ICP-AES)法是一种在炬管内以电感耦合等离子炬为激发光源的光谱分析方法。其主要用于微量元素的分析，可分析的元素为大多数的金属和硅、磷、硫等少量的非金属，共73种。该法被广泛应用于质量控制的元素分析和超微量元素的检测，尤其是环保领域的水质检测，还可以对常量元素进行检测，如组分测量中主要成分的元素测定。

一、仪器原理与简介

（一）仪器原理

通过测量物质的激发态原子发射光谱线的波长和强度进行定性和定量分析的方法叫发射光谱分析法。根据发射光谱所在的光谱区域和激发方法的不同，发射光谱法包含多种技术，其中用等离子炬作为激发源，使被测物质原子化并激发气态原子或离子的外层电子，使其发射特征的电磁辐射，利用光谱技术记录后进行分析的方法叫电感耦合等离子体原子发射光谱法。ICP 光源具有环形通道、高温、惰性气氛等特点。因此，ICP-AES 仪具有检出限低（$10^{-11} \sim 10^{-9}$ g/L）、稳定性好、精密度高（0.5% ～ 2%）、线性范围宽、自吸效应和基体效应小等优点，可用于高、中、低含量的 73 种元素的同时测定。

原子发射光谱仪工作流程如图 14.1 所示。

图 14.1 原子发射光谱仪工作流程

载气携带由雾化器生成的试样气溶胶从进样管进入等离子体焰中央被激发，发射光信号先后经过单色器分光，光电倍增管或其他固体检测器将信号转变为电流进行测定。此电流与分析物的浓度之间具有一定的线性关系，使用标准溶液制作工作曲线可以对某未知试样进行定量分析。

电感耦合等离子体原子发射光谱仪结构示意如图 14.2 所示。

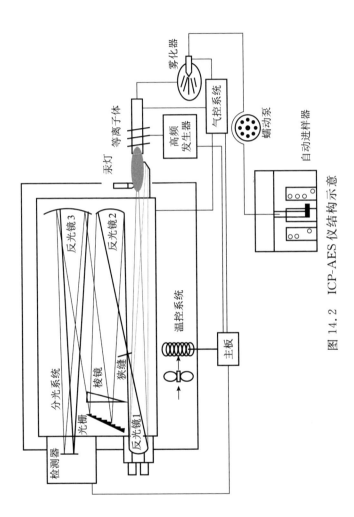

图 14.2　ICP-AES 仪结构示意

实验场所应注意以下事项。

(1) 环境温度:20～28 ℃。

(2) 相对湿度:50％～75％。

(3) ICP-AES 仪的工作环境需保持以上的环境温度和湿度,且要求室内干净整洁,尽量减少粉尘等对分析仪器及测定结果准确度的影响。

(二)主要技术规格

(1) 分析速度:73 种元素/ min,全谱一次曝光完成。

(2) 波长范围:175～900 nm,任意谱线。

(3) 背景校正:实时同步背景校正。

(4) 分辨率:0.005 nm(200 nm)。

(5) 精密度:RSD％<0.5％($n=10$)(RSD 表示相对标准偏差,n 表示测量次数)。

(6) 稳定性:RSD％<2.0％(4 h)。

(7) 杂散光:<0.1 ppm[①] As 193.693 nm(Ca at 10 000 ppm)。

(三)仪器应用

(1) 饮用水、天然矿泉水的元素分析,以用于水的质量控制。

(2) 金属材料、高纯金属中金属元素的含量测定和控制。

---

① 1 ppm＝10^{-6}。

（3）化工产品、化学试剂的合格检验。

（4）化妆品中 As、Hg 等有害元素的超标检验。

（5）岩石、矿物、土壤中无机元素分析。

（6）植物和动物组织样品中的常量和痕量元素含量测定。

二、实验部分

（一）实验步骤

1. 开机

（1）确认有足够的氩气用于连续工作（储量≥1 瓶）。然后打开氩气总阀和减压阀，使减压阀输出压力为 0.55～0.62 MPa。

（2）打开稳压电源开关，使电压稳定在 220 V。

（3）打开 ICP-AES 仪的电源开关（位于 ICP-AES 仪后部）。

（4）打开 ICP-AES 仪开关（位于 ICP-AES 仪前部的绿色按钮）。

（5）打开电脑、显示器和打印机，启动 Salsa 软件。

2. 点火

（1）确认 Salsa 界面下的 Diagnostics 中的 Op Tmp 在 33 ℃以上。

（2）检查并确认进样系统（炬管、雾化室、雾化器、泵管等）是否正确安装。

（3）上好蠕动泵夹子,进样管放入水中。

（4）打开排风扇开关和 RF-Water 循环水开关。

（5）打开 Salsa 软件的 Auto Start 对话框进行点火操作(切记:点火之前必须打开排风扇和 RF-Water 循环水)。

（6）点火后稳定 15～30 min。

3. 分析

（1）ICP-AES 测定条件:工作气体为氩气;冷却气流量为 14 L/min;载气流量为 1.0 L/min;辅助气流量为 0.5 L/min;雾化器压力为 30.06 psi(1 psi＝6.895 kPa)。分析波长为 Cu 324.754 nm、Fe 234.350 nm。

（2）标准溶液的配制:分别取 1 mg/mL Cu^{2+}、Fe^{3+} 标准溶液配制成浓度为 0.010 μg/mL、0.030 μg/mL、0.100 μg/mL、0.300 μg/mL、1.00 μg/mL、3.00 μg/mL、10.00 μg/mL、30.00 μg/mL、100.00 μg/mL 的混合标准系列溶液。空白溶液为 5％(体积比)的硝酸溶液。

（3）在教师的指导下,按照 ICP-AES 仪的操作要求开启仪器。

（4）分别测定标准溶液和样品溶液发射信号强度。

（5）精密度:选择一定浓度的 Cu、Fe 溶液,重复测定 10 次,计算 ICP-AES 方法测定 Cu、Fe 的精密度。

（6）检出限:重复 10 次测定空白溶液,计算相对于 Cu、Fe 的检出限。

4. 关机

（1）熄火 5 min 之后可关闭排风扇和循环水(RF-Water)。

（2）关闭 Salsa 软件，将 C 盘下启动文件 Camcoolertemp 设为 25 ℃，再启动 Salsa 软件，待 Diagnostics 中的 Set Points→Cam TECT 变为 25 ℃。

（3）关闭 Salsa 软件和电脑。

（4）关闭 ICP-AES 仪开关（位于 ICP-AES 仪前部的红色按钮）。

（5）关闭 ICP-AES 仪的电源开关。

（6）关闭氩气总阀和减压阀开关。

（7）关闭稳压电源开关。

（二）实验数据处理

（1）标准工作曲线和样品分析：应用 ICP 软件，制作 Cu^{2+}、Fe^{3+} 标准工作曲线并计算试样溶液和空白溶液中 Cu、Fe 的浓度。扣除空白值，计算原试样中 Cu、Fe 的含量。

（2）线性范围：根据标准工作曲线，进行线性拟合。线性范围上限为较线性拟合曲线计算值下降 10% 的浓度；线性范围下限可以视为相当于 5 倍检出限的浓度。

（3）精密度：重复 10 次测定某低浓度 Cu、Fe 标液，计算 RSD。

（4）检出限：检出限通常与可区别背景信号（噪声）的最小信号相关。国际纯粹与应用化学联合会给出的"检出限"定义为测量信号为空白测量值标准偏差（S_b）的 3 倍时所对应的浓度，即 $3 \times S_b$。检出限 $= 3 \times S'_b / S$，S 为工作曲线的斜率，S'_b 为空白溶液重复 10 次的测定结果。

三、思考题

（1）讨论为什么用超纯水作为实验用水。

（2）讨论标准溶液工作曲线相关系数应≥0.999 的意义。

（3）分析实验误差的来源。

（4）如何减少实验误差以提高测试准确度？